隐秘心理学

揭秘我们身边的那些很怪很怪的怪异行为

袁飞 著

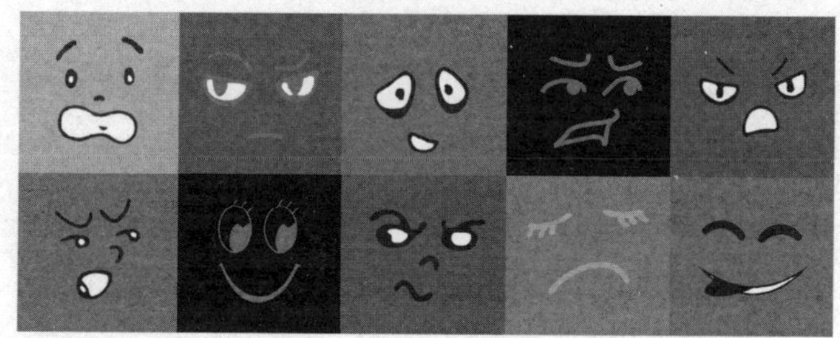

煤炭工业出版社

·北 京·

图书在版编目（CIP）数据

隐秘心理学／袁飞著．--北京：煤炭工业出版社，2016（202 .6 重印）

ISBN 978-7-5020-5180-8

Ⅰ.①隐… Ⅱ.①袁… Ⅲ.①心理学—通俗读物 Ⅳ.①B84-49

中国版本图书馆 CIP 数据核字(2016)第 008625 号

隐秘心理学

著　　者　袁　飞
责任编辑　刘新建
特约编辑　郭浩亮　汪　婷
特约监制　朱文平
封面设计　刘红刚

出版发行　煤炭工业出版社(北京市朝阳区芍药居 35 号　100029)
电　　话　010-84657898（总编室）
　　　　　010-64018321（发行部）　010-84657880（读者服务部）
电子信箱　cciph612@126.com
网　　址　www.cciph.com.cn
印　　刷　三河市金泰源印务有限公司
经　　销　全国新华书店

开　　本　710mm×1000mm 1/16　印张　13 1/2　字数　180 千字
版　　次　2016 年 3 月第 1 版　2023 年 6 月第 3 次印刷
社内编号　8031　　定价　36.00 元

前言

这个世界上有人每天都觉得外国间谍要来绑架他，也有人觉得自己其实已经死亡多年，躯体只是行尸走肉，还有人觉得自己身体的某部分已经消失，甚至有人每天在扮演着不同的角色……

每个人心中都住着天使与魔鬼，这个人怎么样，就看魔鬼和天使谁能干过谁了。但是大部分人心中的天使与魔鬼的实力是很接近的，所以才有人公共汽车上能给老奶奶让座，挤地铁的时候却非要插队，有时候看到小兔子掉几根毛都心疼得哭半天，杀起鸡来却丝毫不手软。人就是这样，所以才有了心理学家、心理咨询师、心理医生这样的职业。

爱德华·诺顿·洛伦茨（美国气象学家，混沌理论之父，蝴蝶效应的发现者）曾经跟我们讲过蝴蝶效应的故事，其实相同的道理可以应用到很多方面。比如一个人表现成什么样子，由太多的因素决定，任何一个因素发生变化，都可能使一个人看起来大不相同。而可变的因素太多，这也就是为什么世界上会有那么多心理疾病和心理障碍。

这本书就是要好好唠唠咱们人类这种变化无常的物种。很多因素的改变可能导致我们的心理出现问题，而在本书中，就非常详细地讨论了这些问题。当然了，这本书中介绍的心理问题都不是作者第一个发现的，作者只是心理学家的搬运工，把它们以简明易懂的方式表达出来，让大家都明白，原来出现幻觉的人并不是见鬼了，而是大脑里的某个信号载体出了问题。

我们都有天使的一面，也有魔鬼的一面，而心理疾病的患者，也只是跟我们有些差异而已，本质上我们都是一样的。本书在介绍心理疾病的同时，还简单地讲了讲病因和目前流行的治疗方法，希望读者能够对这些问题有个全面的认识。

说到这再给这本书做个广告吧，它是一本故事书，也是一本科普书，也是一本段子书，就看你好哪一口了。它可能让你哈哈大笑，也可能让你感动落泪，还可能让你若有所思。当然有一点必须得说明白，出于很多方面的考虑，这本书里的所有人名都是假的，都是化名，请读者们能够理解。

希望你会觉得这是一本还蛮好看的书，在阅读这本书的时候能给你带来欢乐。

目录

第五章　天才也性感

第六章　精神感冒了

第七章　我所敬畏的伟大

第一章

败给你的黑色幽默

大胆的想象创造了这个世界，妄想将其毁灭！

——题记

我的哥们儿艾明浩喜欢看《犯罪心理》，最近他学了一句很经典的话。每当我们一起打篮球，有人投三分的时候，他都会说一句“典型的妄想心理”。尽管他本人也不太清楚这句话丰富的含义，但是他觉得冷不丁地说这么一句话听上去很帅。

满世界都是演员——卡普格拉妄想症

1

东野圭吾有部小说《分身》，描述了两个长得一模一样的人身上发生的故事。看完这部小说，你有没有想过，这个世界上可能会存在着一个跟你长得一模一样的人，这个人可能会在某一天突然跳进你的生活，把你杀害，沉尸海底，然后他冒充你，继续你的生活，别人还根本察觉不到？哦，不，我说的不是平行宇宙理论（见篇末备注），我是说，某个跟你长得一模一样的人可能就潜藏在你的附近，某一天他不愿意继续藏在暗处了，会跑出来取代你。

听了我的话，你或许会说："神经病吧？多大了，还在这儿讲这种小孩子都不信的故事。"如果你这么说，那么恭喜你，你并没有患卡普格拉妄想症。

卡普格拉是法国一位著名的心理医生，因为最早提出了一种奇怪的心理疾病而闻名天下，这种心理疾病就是卡普格拉妄想症。卡普格拉妄想症是一种非常罕见的心理疾病，案例比大熊猫的数量还少，不过一旦得了这种病，患者往往痛不欲生。这是一种由于脑部受到某种打击而造成的疾病，患者会认为生活中的一切都被替换过了，而且都充满了敌意。什么？说人话？哦，好吧，那我来讲个案例：

2014年7月初的一天，王婷把最后一门考试的试卷交上了。这意味着，她的暑假开始了。她高兴地回到宿舍，拿起昨天晚上就收拾好的行李，带好火车票，准备回家了。当她把宿舍门锁上的时候，或许还不知道，自己即将进入一个比电影还离奇的世界。

绿皮火车代表了中国最慢的交通工具之一，在颠簸了近20个小时之后，王婷终于回到了自己的家乡。她下了火车，远远看到爸爸在出站口接她，心里特别高兴，以前回来都是自己孤独地打车回家，这一次竟然爸爸亲自来接，爸爸终于知道关心自己了。于是她冲了出去，一下子扎进爸爸怀里。爸爸抱住王婷，轻轻地抚摸着她的头，然后父女俩坐上车，开心地回到家里。

妈妈已经在家做好了她最爱吃的菜，王婷坐在餐桌前，看着满脸笑意的爸妈，非常开心地计划着自己快乐的暑假生活。吃完饭，王婷感觉自己很累了，于是跟爸爸妈妈说了一声，就回到自己的房间睡觉了。

朦朦胧胧不知睡了多久，王婷突然醒了过来，不论在哪里睡觉，她都睡得不太沉，常常中间醒来，因此第二天起床经常顶着两个黑眼圈。每次逛屈臣氏，王婷都会被热情的推销员拉住推销各类抗黑眼圈的眼霜给她。她翻了个身想继续睡觉，忽然隐约听见外面有人在说话，尽管声音很小，但是她还是能听见父母在说话。天呐，父母居然在背着自己说话！她蹑手蹑脚地来到父母房间的门口，想听听他们在谈什么，但是他们的声音实在是太小了，怎么也听不清楚，王婷只好作罢，偷偷地溜回自己的房间。

第二天早上，王婷仍然在为这件事情耿耿于怀。她坐在餐桌上，突然有一种不好的预感，她感觉跟自己坐在一起吃早餐的这两个人，并不是自己的父母，他们虽然跟自己的父母长得很像，而且可以说是一模一样，但是他们绝对不是自己的父母，他们只是长得像而已。

于是，王婷趁父母上班，潜入父母的卧室，寻找蛛丝马迹。她发现衣柜里有一条红色的裙子，妈妈最讨厌这个颜色了，所以这个人一定不是妈妈。她又在盥洗间发现了爸爸的电动剃须刀，爸爸不是一直说用手动剃须刀剃得干净吗，为什么突然换成了电动的？这个人一定不是爸爸。随后，她又在厕所发现了一些没有洗的衣服，妈妈是个勤快的人，每天早上都早起把衣服洗了，这两个人居然连衣服都不洗，错不了，肯定是冒充的。

花了一上午的时间，王婷终于确认了自己的父母并不是原来的父母，她的心情是崩溃的。这时候，她的高中好友小范给她打来电话，约她出去吃饭。唉，既然父母是假的，不妨跟闺密吐个槽。

中午，王婷跟小范一起吃饭的时候，很惊讶地发现小范变了。眼前的小范再也不是原来那个留着齐耳短发、性格大大咧咧的假小子，现在的她居然留起了长发，说话细声细气的，干嘛呀，还让不让人活了？不过，王婷心里还是很为自己的好朋友开心的，女孩子就要这样嘛，做什么假小子，赶紧找个男朋友才好。

等等，有句话叫“江山易改，本性难移”，假小子怎么可能突然变成大淑女，这不科学啊。

尽管有些想不通，王婷还是跟小范坐在一起愉快地边吃边聊。突然，一个诡异的念头从她的脑海中闪过：会不会小范跟父母一样，已经不是原来的自己，而是被一个跟她一模一样的人取代了？对，一定是这样的，小范这种假小子性格是绝对不会变的，只是她被另一个人代替了。这个人跟小范长得一模一样，她骗过了所有人，但绝对骗不了我！

想到这里，惊怒交加的王婷一把将咖啡杯推到地上，站起身拔腿就走，留下小范一脸愕然地坐在那里。王婷一口气跑回自己家楼下，看着眼前的楼房，她觉得跟原来相比样子倒是没变，只是冥冥之中却给人一种说不出的陌生感。王婷想：其实楼房也有自己的灵魂，我们感觉到的就是它的灵魂。虽然这栋楼样子没变，但是它的灵魂变了，我知道这一定是在我离开家的这段日子，有人把这栋楼推倒重建了。

王婷发疯一样地逃跑了，她打电话给家在另外一座城市的男朋友明杰，告诉他自己家的一切都变了，好多人冒充自己的亲人和朋友来接近自己，想要害自己，求他带自己去寻找自己真正的亲人和真正的家。

明杰听了之后吓了一跳，说："好，你等着，我这就去接你。"

在快要天黑的时候，明杰来到了王婷的城市，王婷早就在火车站等着他了。当明杰走出火车站的时候，王婷突然浑身一颤，一种莫名的恐惧涌上她的心头。她突然发现整座火车站都不一样了，原来在自己离开家乡的这段日子，不光是自己的家，还有火车站，甚至是整座城市都被推倒了，然后建成了跟原来一模一样的样子；所有的人都被换掉了，被换成了跟原来长得一模一样的人，而自己的男朋友，明杰，也被换了，现在朝自己走过来的这个人，根本就不是明杰，而是一个跟他长得一模一样的人！

王婷陷入了巨大的恐惧之中，她歇斯底里地大吼大叫，把自己的行李箱摔在地上，转身向后方狂奔，想要逃离这个诡异、荒谬的世界。

2

王婷就是典型的卡普格拉妄想症的患者，卡普格拉妄想症是一种非常折磨人的病，你想啊，在我们这样一个老公出轨都要寻死觅活的社会里，如果你发现周围的人全是假的，都在骗你，那么这件事足以让你崩溃。卡普格拉妄想症作为人类心理学方面标杆式的疾病，主要有这么几种表现：

最明显的表现就是，患者认为自己的亲人和朋友都是由其他人冒充的。尽管这听上去跟讲科幻故事一样，但这并不是患者们要宝逗你开心，也不是刷幽默感，他们确实对此深信不疑。在我们这本书中你会看到，很多心理疾病的患者都持有一些看上去非常荒谬的想法，但是他们却非常肯定自己的想法是对的。尽管道理就在眼前，但你很难改变他们的想法。

王婷从父母不寻常的举动中，认为他们已经变了，不是原来的父母了，从家里逃出来之后，又认为闺密也变了，进而发觉整个城市都是被推倒重新建设起来的，最后甚至发现连男朋友也被另一个人代替了。卡普格拉妄想症患者坚定地认为这个世界被彻底更换了，而更换的目的，就是要害他。

卡普格拉妄想症患者在生活中非常没有安全感，有被迫害妄想症的倾向。这一点你肯定早就猜到了，有安全感的人不会闲着没事想别人要害他，还大费周折想到了一种成本这么高的害他的方式。其实我们每个人都有这种被迫害的倾向，导致我们安全感的缺失，但是我们能够在一番思考之后，认为那是荒谬的。不过卡普格拉妄想症患者却不会，下面这个案例，很好地体现了患者的这种缺乏安全感的心理。

琼斯奶奶与老伴杰克爷爷非常相爱，他们两个青梅竹马，在一起共同生活了70年，让旁人看了甚是羡慕。整个社区的人都把他们当成自己爱情的榜样，很多年轻人都决心向他们学习，跟自己的另一半白头偕老。

有一天，琼斯奶奶在过马路时，被一辆摩托车撞倒，然后昏迷不醒。整个社区的人都非常着急，但还好，由于抢救及时，杰克奶奶很快就醒了。

正当大家准备松一口气的时候，奇怪的事情发生了。琼斯奶奶警惕地看着杰克爷爷，跟周围的人说："他不是杰克。"

周围的人都觉得很奇怪，问她："那他是谁啊？"

琼斯奶奶说："他只是一个跟杰克长得一模一样的人。"

大家都觉得琼斯奶奶好可爱，这么大年纪了还童心未泯，讲故事逗大家开心，于是纷纷跟琼斯奶奶说："您老人家别折腾了，好好过日子吧！"

大家把琼斯奶奶送回家之后，杰克爷爷发现琼斯奶奶变了。她生活在恐惧与不安之中，每大都指着杰克爷爷问："你冒充杰克到我身边来干什么？"不但如此，琼斯奶奶执意要一个人睡，绝不跟杰克爷爷有过多的接触。后来，琼斯奶奶甚至买了一把枪，随时带在身边以防杰克爷爷害她。每次杰克爷爷试图接近她，她都会拿出枪来，威胁杰克爷爷。

从此，邻居们每天都能看到杰克爷爷郁闷地在自家院子里劳作的身影。

卡普格拉妄想症患者还会拥有暴力倾向，这也是精神受损的一种体现。如果精神疾病只是病人思想上痛苦，大家也就得过且过，你偷偷摸摸地治疗就行了，没必要送去精神病院。但大部分精神疾病到了一定程度，会使病人进入到一种歇斯底里的状态，导致其做出疯狂的举动，危害他人。因此人们发现，精神病患者是社会不安定因素，法律还说他们杀人不犯法，所以亲人朋友们只好忍痛把他们送去精神病院。对于卡普格拉妄想症患者，暴力对他们来说只是一种自卫的行为，他们的初衷并没有想害人，不过如果他们真的把世界上的人都看成坏人，对无辜的人下手，这样的行为同样危害社会。

王婷在发现闺密和男朋友都被人掉包了之后，陷入了巨大的崩溃之中，于是做出摔杯子和摔行李箱的举动。但不少卡普拉格妄想症的患者，症状比王婷要严重得多，他们发现自己身处一个危险的世界之后，会做出更多的暴力行为，以保障自己的安全。

退伍老兵杰克在战争中曾经脑部受过伤，在医生的努力之下终于康复，并于战争结束后获准回到了家乡弗吉尼亚，准备与父母妻儿团聚。

但是在经历了一段时间的家乡生活之后，他越来越感到不安，因为他认为周围的亲人和朋友都是由跟他们长得一样的人伪装的。这些伪装的人可能是陌生人，也可能是他的敌人，甚至可能是别有企图的外星人。他们看到他回到了家乡，过上了平静安稳的生活，很是生气，所以想要置他于死地。

于是，不甘坐以待毙的杰克迅速行动，在“敌人”杀害他之前，先下手为强，将自己的父母、妻子和几个孩子残忍地杀害。在杀害自己妻儿的时候，尽管她们高声呼救，引来了很多邻居前来劝阻，但是杰克还是在众目睽睽之下杀害了他们。

我得提醒你，如果你的女朋友有一天突然跟你说她发现父母被长得一模一样的人代替了，而且还想害她，那么请你在她认为你也是被别人代替的之前，把她送到医生那里去接受治疗，不然我可不敢保证你的求救声能把她唤醒。

3

当初“非典”来袭的时候，我们首先听讲座、看宣传册，了解什么是“非典”，然后再把板蓝根一抢而空。人类的天性就是这样，一旦什么病来势汹汹，咱们第一反应是看看热闹，第二反应就是怕自己得上。刚才听我讲了这么一个奇葩的心理疾病案例，你热闹也看够了，一定很想知道这种病的病因在哪了，而且还得赶紧预防着点，不然自己得上了可就麻烦了。那么下面就聊一聊卡普格拉妄想症的病因以及治疗方法吧。

关于卡普格拉妄想症的病因，简单地说，就是生理上出了问题，产生了错误的感觉，而思维一定要寻找一个合理的解释，就导致了病症的发生。什么？你没听明白？对不起，对不起，我说人话。

人的大脑左右半球的皮质区是联系在一起的，这两个区域会传递不同的信息，从而产生不同的感情。比如，你看到亲人和朋友，觉得一种亲切感油然而生，这是因为你的大脑左右半球之间传递了亲切的感情信息，所以你总想过去跟他们亲密交谈；而你看到墨镜、大秃头、露出纹身的黑帮大哥时，大脑两个半球之间传递着恐惧的感情信息，所以你总是想逃跑。而卡普格拉妄想症患者，就是大脑左右皮质区的联系出现了问题，从而不能正确地传递感情信息，也就不能相应地感觉。所以他们看到身边的亲人时，总也感觉不到亲切感。这就导致你潜意识里认为，这不是我的爸爸妈妈，但是眼睛又实实在在地告诉你他们跟爸爸妈妈长得一模一样。这时候，你就开始纠结了：

他们到底是谁啊？

在这种情况下，思维上，卡普格拉妄想症患者内心就开始产生剧烈的矛盾，用我们写作文常用的比喻，就是两个小孩开始打架了。

黄衣服小孩说："他们就是你父母，你看他们跟你父母长得一模一样。"

绿衣服小孩说："不是，他们不是，我看到他们之后一点也不觉得亲切。"

黄衣服小孩说："就是，你看长得一样。"

绿衣服小孩说："就不是！"

……

在经历了长时间的争吵之后，两个小孩终于达成了一致意见。黄衣服小孩说："咱们别争了，不然就要精神崩溃了。要我看，既然你觉得不亲切，那咱们就不把他们当成父母了，但是我说的也没错，他们跟咱们父母确实长得一模一样，那咱们就认为我们的父母是被跟他们长得一样的人冒充的吧。"

两个小孩打架打够了，最终握手言和，但这可把他们的主人（也就是患者）给坑苦了。由于他们达成的这个一致意见，直接让患者产生了周围的人被替换的幻觉。

王婷看到父母时的不亲切感，琼斯奶奶对自己老伴的恐惧以及杰克对自己父母和妻儿的敌意，都是因为他们大脑的信号传递出了问题，从而感情信息无法正确地传递，导致对一种事物无法产生正确的感受。

病因找到了，咱们就聊一聊卡普格拉妄想症应该怎么治吧。

很明显，如果根据上面说的，卡普格拉妄想症是由于大脑两个皮质区之间传递信息出了问题，这病要想治好，让大脑的信息传递恢复正常就行了。

这种方法听起来非常地棒，但是心理学家会惭愧地告诉你："真不好意思，我们只知道大脑两个皮质区的信息传递出了问题，但是我们还没搞清楚到底是哪条通道，出了什么问题，我们也不知道怎么才能对大脑进行修复。你说的那种方法，必须要开颅，对大脑里面精巧细微的结构进行处理，这种手术我们可不敢做啊。”

很遗憾，你想出来的这个方法不可行，那怎么办，就束手无策，眼看着病人那么痛苦？我们不做点什么，也太不符合人道主义精神了。

方法是有的，但是到目前为止并没有有效根治的方式，现在主要的治疗方式是心理疏导和药物治疗。

心理疏导，就是心理医生坐下来，跟你慢慢聊天，谈宇宙，谈世界，谈人生，最终说服你大家都是真的，没有那么多人装扮成你的亲朋好友来害你。但这种方法效果非常有限，一来心理医生很难说服患者；二来即便当时说服了，时间久了，患者的“不亲切感”又会使他们重新相信周围的人都是假冒的。

王婷在接受心理疏导治疗时，并不对心理医生企图灌输给她的事实感兴趣，她始终认为自己身边的亲朋好友已经都不是原来的那些人了。不过，她的兴趣点却在那些跟她的亲朋好友长得很像的人身上，她甚至问心理医生：“难道现在的科技这么发达了，能够随便复制出两个一模一样的人？”如果心理疏导的方向不对，那么可能会使病人进一步加强自己的想法。

药物治疗主要是给患者服用精神病药物，以达到缓解的目的，注意，是缓解而不是根治。现在还没有专门应对卡普格拉妄想症的药物，卡普格拉妄想症目前被认为是一种精神分裂，所以卡普格拉妄想症的患者也服用抗精神药物来缓解症状。

王婷坦言，在接受药物治疗的过程中，从来都没有认为自己身边的一切是真的，只是在药物的刺激之下，神经系统的兴奋程度被降低，使她不去想那些谁真谁假的事情，她也就不为这件事而闹心。但是药效一过，她又会陷入巨大的精神崩溃之中。

卡普格拉妄想症听上去如此奇葩，但是又切切实实地在人类身上发生。目前我们还没有很好的治疗方式，只能祈祷自己可千万别碰上这倒霉的病。这种听起来像科幻故事一样的病是真实存在的，所以以后有人反驳平行宇宙理论可千万别太跟他较真，免得你被当成卡普格拉妄想症患者被送进精神病院。

宇宙平行理论：由物理学家提出的，认为在我们这个世界存在的物种，在另一个存在于同一个空间的世界中也存在，并且生生不息。两个世界不能互相感知，科幻小说往往将其诠释为在另一个世界中存在着跟我们一模一样的人，过着跟我们类似的生活。

假如让我多活三天——被迫害妄想症

1

江美玲在一家知名外企当主管，体面的工作和丰厚的收入，让她成为众多朋友羡慕的对象。每天她都开着名车出入各种高档会所见客户，联系业务，看上去简直酷毙了。

2013年夏天的一个晚上，为赶一个项目，江美玲在公司加班到了凌晨一点多，这时候公司里的人都已经走光了，她自己一个人坐着电梯，来到地下停车场。江美玲打开车门，警惕地向后座瞟了一眼。每次开车门，她都担心会有人藏在后座上，威胁她把车开到荒郊野外，把她杀掉然后毁尸灭迹。她认为由于自己知道公司的很多商业机密，所以有不少竞争对手都希望能够从她那里了解这些秘密，然后杀她灭口。

在确定后座没人之后，江美玲坐进车里，准备开车。她把车发动起来，貌似不经意地往后视镜瞥了一眼，发现不远处有一个人站在那里。她的脑子迅速回忆，这已经不是第一次了，每当自己加班到很晚，总是有这么一个人跟踪着她，很可能是想害她。想到这里，她感到后脊背一阵发凉，不由迅速踩下了油门，车飞快地开出了停车场。当她把车开走之后，后面这个人也走出了停车场，他是停车场的保安，最后一辆车开走了，他也可以休息了。

由于家住郊区，江美玲需要在路上开一段时间的车。她心里想，在空旷的马路上开车还是挺惬意的，至少不堵车，看来晚下班也是有好处的。不过，她转念又一想，万一在这时候窜出一个坏人来，那自己可真是没法防备。于是她紧张地扫了一眼车窗车门，确保每一个车窗都是关闭着的，每一个车门都是锁着的，如果突然有坏人冲出来，至少不能立刻冲上车来。“如果有人拦车想要搭顺风车，一定不能停。”她心里想。

当车驶过一个十字路口时，从她后方冷不丁冒出另一辆车，这使她紧张万分。电视上演过那么多案子，女司机被陌生车辆跟踪，最后被残忍杀害，想不到这种事今天被自己遇到了。车里面应该是坐着四个彪形大汉，轻轻松松就能把娇小的自己弄死，她不停地幻想那些自己被残害的血腥场面，她感觉自己要疯了。“我不能死得不明不白”，她的脑子开始快速思考这些人是谁派来的。“应该是供货商郭老板，这些年我把他们的价格压得太低，让他们少赚了不少钱。不，还有可能是客户吴总，我总是让他们出高价，不对啊，不至于，不管怎么样，他们从我这里都是赚到钱了，不至于派人来杀我啊。所以，肯定是单纯的抢劫，这就好了，只要把钱全都给他们，他们就可能不杀我了。”于是她瞟了一眼自己鼓鼓的钱包，心里想：“到时候都给他们，并且发誓绝不把今天晚上的事情说出去，应该能保命。”

当她想完这些之后，心里突然一阵悲凉，觉得这个世界太危险了。没容她多想，后面那辆车已经从右边超过她，她看到车里面只有一个司机，好像还是个女的。这辆车超过她之后，呼啸而去。“原来是虚惊一场”，江美玲长吁一口气，感觉逃过了一劫。

终于平安地回到家中，江美玲下了车，确定没有人跟踪自己之后，谨慎地打开门，一闪身进门后迅速关上门，并马上将门紧紧地反锁上。老公已经在家里等她了，他正坐在沙发上看电视，看到她回来，并没有露出欣喜之色，而是木然地继续盯着电视。江美玲早就想到会这样，自从老公为她买过保险以后，江美玲就非常确定丈夫想谋害她并骗取保险金。

“不用说，他刚刚一定是在跟另一个女人快活，他现在见到我表现得这么不耐烦。”江美玲失落地在家里走来走去，企图找到另一个女人的痕迹，但是一根头发、一抹香水的味道都没找到。“隐藏得挺深啊。”她心里想，“但是肯定迟早被我发现，到时候如果离婚，我只能得到一半的财产，不行，我得想个办法把家里的财产都转到我名下，让他净身出户。”

当她踱回客厅的时候，老公终于抬起头，淡淡地看着她：“你走来走去的干什么啊，我都被你弄得眼花了，快点坐下。”

江美玲大怒，生气地瞟了老公一眼，她心里想：“好啊，你有了小三之后就开始嫌弃我了是不是？你这个混蛋，迟早让你净身出户。”

老公见她不说话，知道她生气了，于是开始陪笑，倒了一杯水给她。她接过水刚想喝，突然反应过来，心里咯噔一下：“这水里一定有毒，他想毒死我，然后跟那个女人再结婚，真恶毒。”于是，她把杯子放在茶几上，说：“我不渴。”

老公见她不高兴，抱了她一下，起身关了电视，说：“宝贝，我们睡觉去吧。”

江美玲躺在床上，背对着老公，老公几次试图抱她都被她挣脱了，她心里其实很悲伤：“跟我生活了这么多年的老公，竟然企图毒死我。多亏刚才没喝他给的水，不对，之前我喝过很多次老公给我倒的水，还吃过他给我做的饭，买的零食，为什么我还活着啊，难道我想多了？不对，他给我下的一定是慢性毒药，说不定几年之后就发作了，好困啊，但是不能睡，如果睡着了，老公会趁机掐死我的，不能这样，怎么可以这样，生活怎么可以这样对我……”想着想着，沉浸在悲伤中的江美玲还是不知不觉睡着了。

第二天醒来，江美玲发现自己还活着，顿时有一种死里逃生的感觉。她自己起床，穿好衣服，也没管还在睡觉的老公，“他迟到就迟到吧，他都想害我了，我还那么为他着想干什么！”她心里这样想。

她到了单位之后，看到了男同事小江，小江朝她微笑了一下，亲切地打了个招呼。江美玲突然感到非常亲切，一直以来，她认为小江是暗恋自己的，今天又一次得到了验证。每次小江跟她打招呼的时候都笑得非常灿烂，这一定是暗恋她的体现。她跟小江认识有两年多了，尽管半年前小江已经结婚了，但是江美玲坚定地认为他现在一定还是暗恋着自己的。

江美玲坐在办公室里，第一件事就是联系房产代理，她要搬出去住，不然迟早被老公害死；她还要买一根电棍，不然路上遇到劫匪可真没办法；还有，要找个律师问问财产转移的事，要时刻防着老公跟她离婚；对了，以后跟客户一定要客气一点，不然他们会报复自己的；还有，小江，到底要怎么处理跟他的关系呢？

江美玲坐在办公室里，心里很无奈，自己要处理的事情真的好多啊！

TVB电视剧里被绑架的人质获救后会说这个要害我，那个要害我；武侠小说里的高手练功走火入魔了，会把周围的人当成敌人，他们这么做都是因为精神受了刺激。你看罢一笑，心知“本故事纯属虚构，如有雷同实属不可能”，但是你绝对想不到的是，在这个世界上真的有很多人，表面上看着跟正常人没什么区别，但实际上神经紧绷，总认为周围的人在合起伙来盘算着想害他，就像案例中的江美玲一样，他们就是被迫害妄想症的患者。而一旦你身边有谁得了被迫害妄想症，你是非常容易能认出来的，因为他们的特征实在是太明显了：

首先，被迫害妄想症病人最大的特点，就是总以为别人想害他们。这些人极度没有安全感，总是生活在恐惧之中。在他们的眼中这个世界危机四伏，他们会把身边认识的和不认识的人都想成穷凶极恶的歹徒，觉得一个不留神背后就会挨一刀。

被迫害妄想症的患者总是会把一些捕风捉影的事情，通过自己的联想和加工，当成别人害自己的依据。旁人无意中说的一句话，或者不经意的一个举动，在他们看来都暗藏杀机。这样的人生活在言论这么自由的国家，当然十分痛苦。

而被迫害妄想症患者的病情到了一定程度之后，患者为了所谓的“自保”，将会出现暴力倾向。其实听上去特别可笑，你无缘无故地觉得周围的人都想害你，一来你没可靠的证据，二来人家根本就还没害你，你就为了所谓的“自保”，对他们使用暴力，这绝对是强盗逻辑啊。但是患者们心中却真的是这么想的，他们又是弱势群体，法律不会制裁他们。所以你也就能明白，为什么很多穷凶极恶的歹徒被抓住之后，纷纷假装精神有问题了吧。

最典型的例子，当属曹操杀害吕伯奢一家的故事。曹操当初逃难到朋友吕伯奢家，吕伯奢准备杀鸡宰猪来款待曹操。由于家中无好酒，吕伯奢出门沽酒，结果曹操就起了疑心，来到草堂观察动静，听到有人磨刀并说要捆起来杀掉，曹操就认定吕家准备加害自己然后去官府领赏，于是他为了“自保”，决定先下手为强，动手杀了吕家八口人，当看到厨房里绑着一头猪时才知道错怪了好人，索性一不做二不休，把买酒回来的吕伯奢也一起杀掉，并说出了一句奸诈名言——“宁教我负天下人，休教天下人负我。”不能确定曹操是否真的患有被迫害妄想症，但是他这种既没安全感又不负责任的行为，却是跟神经病一模一样的。

有一家川菜馆，老板原来是进城务工人员，后来经过自己的努力，有了自己的餐馆。由于拥有这样的打拼背景，所以这位老板对店里进城务工的员工非常照顾，生活上对他们很关心，并且常常给他们发奖金，为他们改善生活。这家餐馆里的一个打工妹小颖，却认为老板对他们这么好，一定是图谋不轨。她处处防着老板，后来她看到同事们跟老板很亲近，又认为同事们已经被老板收买，准备合起伙来杀了她。这些想法使她一步一步地走向崩溃，后来竟然为了“自保”，在其他同事吃的饭菜里下了毒，多亏她使用的毒药剂量小，同事们在医生的奋力抢救下才保住了性命。而小颖本人，则被诊断为被迫害妄想症，被送进了精神病院，接受治疗。

被迫害妄想症患者还会有一个很奇怪的症状，他们会认为，周围的一些异性是暗恋他们的。被迫害妄想症患者认为世界上不仅存在着一些人想害他们，还存在着一些人暗恋着他们，只是出于某种原因而不敢公开。听上去是不是很奇怪，同样是人，有些人会被他们当成歹徒、强盗，有些人却被他们当成暗恋者，这些病人们是不是太任性了？

小王的老婆娜娜，每天想的最多的两件事就是小王有没有出轨，以及怎么处理单位里男同事暗恋自己的问题。每天小王回到家，她做的第一件事就是在他身上找女人的头发。有时候小王被弄得不耐烦了，发起脾气来，娜娜就哭诉一定是小王出轨了，要跟小三一起害她。而在单位里，男同事小孙和小刘的每一个举动，在娜娜眼中都是暧昧无比，都是一种示爱的表现。直到小孙和小刘都跟自己的女朋友结婚了，娜娜仍然认为他们两个是暗恋自己的。

如果身边有个得了被迫害妄想症的病人，那可真是够闹心的。你不小心说错了话，她觉得你要害她；你稍微关心她一点，她又觉得你暗恋她。难道这个世界非黑即白，除了暗恋你的人，就是想杀你的人吗？

3

事实上，被迫害妄想症的发病人群还是很大的，每一万个人里面就有三个，如果你的朋友今天跟你说他要被外星人绑架了，明天告诉你黑帮最近要找他算账，后天又说澳门博彩业正在联手追杀他，那么请相信，他不是在吹牛，也不是在消遣你，他是得了被迫害妄想症。

这种奇葩的病，对我们正常人类的摧残程度很大啊，如果生活中真碰到这么一个，还真的挺膈应。那么人类到底是怎么招惹上这种倒霉病的呢？得了这种病除了杀人以寻求自保，还有没有其他更好的办法呢？下面我们就来聊一聊被迫害妄想症的病因以及治疗方法。

被迫害妄想症跟遗传没有关系，这是一种在成长过程中不小心得上的病。不过心理学家认为在童年或者成长过程中受到的心理损伤或者留下的心理阴影，是造成被迫害妄想症的主要原因。在后来的治疗过程中，江美玲一直声称自己的童年是非常幸福的，在心理医生的催眠与不断引导下，她终于回忆起自己童年时遭遇的一件事情，是使自己变成现在这样疑神疑鬼的罪魁祸首。

在她六岁那年的一天，她自己一个人在家写完作业后觉得无聊，就想出去找小伙伴玩。由于当时妈妈并没有给她钥匙，所以她如果出去锁上门的话，在妈妈回家之前是没法回到家里的。她又害怕妈妈回来批评她没经过同意就出去玩，想来想去，她想到了一个好办法：将门虚掩而不锁上，然后出去玩。当她回来的时候，她被眼前的景象惊呆了——屋里一片狼藉，很明显是被小偷光顾过。她跑回自己的房间，呆呆地坐着。直到妈妈回来，她才知道原来家里被偷了好多钱，妈妈的一些贵重的首饰也被偷走了。从这件事情以后，江美玲每次出门，总是担心门没有锁好，每次回家总觉得家里有小偷来过，后来随着年龄的增长，危机感逐渐加重，渐渐变成了认为自己被追杀，怀疑有人要绑架自己。

被迫害妄想症，其实也是一种过当的防卫。本来防卫心理是人类在遗传过程中的一种合理的遗传积累。比如，我们的祖先生存环境很危险，处处是毒蛇、猛兽，而有防卫心理、看见毒蛇就跑的，都活了下来；没有防卫心理的，看见毒蛇觉得好可爱，恨不得上去合个影发到朋友圈的，都被咬死了。活着的繁衍了后代，后代中没有防卫心理的又被咬死了，所以遗传积累下来，能活到今天，我们都具有防卫心理。

防卫过当，就是指防卫心理被过分放大，本来不危险的东西，却觉得很危险。比如看到老虎我们都觉得好危险啊，快逃跑，这就是正常的防卫心理；而看到猫大家都不会逃跑，但是个把人会想，猫不是跟老虎属于同一个科吗，说不定老虎跟猫商量好，躲在周围想等我放松警惕再来算计我，于是也逃跑，这就是防卫过当。

江美玲在深夜的车库看到保安，在马路上遇到车害怕是很正常的，因为在没人的车库里看到陌生人，或者在空旷的大马路上有个车跟着你，搁谁谁都害怕，但是她认为这些人都是来杀害自己的，甚至认为老公已出轨并且想害自己，那就是防卫过当了。

被迫害妄想症患者最大的问题在于，他们的妄想都是符合逻辑的，心理医生无法从逻辑上让他们相信他们防卫过当。没有一个心理医生能跟他们说"你想的这件事百分之百不会发生"。总的来说还是被迫害妄想症患者想得太多，如果把这种极小概率的事件跟普通人说，告诉他马路对面那个哥们儿估计想害你，他八成会说，一边去，哥很忙，没时间跟你开玩笑。不过同样的话，就能使被迫害妄想症患者抓狂。

林跃是一家公司的小职员，他总是认为自己身上藏着国家的机密，前天他不小心看到一小队军人从自己身边跑过，他认为这一定是军方的秘密行动，却被他撞见了，目前各方势力正在努力争取他，或暗杀他。他每天上班经过的那条小路，有一天突然被挖开铺设水管，他认为这是敌对势力在修建一条地下通道，但是别人都不知道，而自己现在知道了这个秘密，这使自己陷入了巨大的危险之中。敌对势力的特务们会时时刻刻监视着自己，可能会利用下毒、车祸等方式谋害自己。于是林跃每天都生活在惶恐之中，时刻保持着警惕，轻易不敢吃饭，也不敢喝水，怕自己出意外。而林跃在接受治疗时，无法相信心理医生所说的，那条小路只是简单地修路。因为一方面，林跃认为只有自己才知道这个秘密，心理医生跟其他人一样都不知道；另一方面，林跃想的事情也不是一定不可能发生，只是发生的概率极小，虽然证据极弱，但是心理医生不能用一个令林跃信服的强有力的证据将其完全推翻。

这种病真是够折腾的！但是我们不能不管啊，纳税人花钱养着心理医生和科学家，就是为了给我们的生活中不好的事情找到解决方法。目前被迫害妄想症的治疗方式，主要有药物治疗与心理疏导治疗两种方式。

因为被迫害妄想症被诊断为一种精神分裂，所以常常采用精神分裂的药物（例如利培酮片等）来为患者进行治疗。当患者已经有较为严重的被迫害妄想症，并且出现暴力抗疗的情况下，可以强制采用注射的方式减缓其病情。当前药物治疗是一种很有效果的治疗方式，已经成功治愈了不少病例，对于小颖的药物治疗也起到了一定效果，精神分裂药物有效地使小颖冷静了下来，并能够继续配合心理医生做进一步治疗。

心理疏导治疗方式主要是让患者通过更多的社交或交流重新认识社会，认识世界，再配合心理医生的心理疏导，从而得以康复。但是这种治疗方式难度非常大，如果配合得不够好，还有可能出现病人病情加重的情况。当前针对被迫害妄想症，还没有一套完善的心理疗法。所以当前对于被迫害妄想症的治疗，还是以药物治疗为主，以社交心理治疗为辅。

被迫害妄想症患者真的特别可怜，他们每天让自己置身于一个危机四伏的暴力世界里，精神高度紧张，还为自己虚拟了那么多爱慕者。如果将来有人莫名其妙地说你暗恋TA，不论TA是男的还是女的，你都承认吧，这不仅是对他们的一种关怀。而且，如果这个哥们儿（妹子）是被迫害妄想症患者，被认为爱慕者可比被认为是歹徒安全多了。

哪来的影帝？——弗雷格利妄想症

1

作为一名公务员，卡特每天都会和不同的人打交道。由于工作的缘故，卡特的社交面极广，面对各行各业的人他都能游刃有余地应对。为了做好自己的工作，他需要思考很多事情，采用很多手腕，以使自己能够更好地应对不同的人和事。有时候他得意地认为自己能够洞悉各种类型的人的性格与想法，凭借自己的手腕能够轻松hold住这些人；有时候他又沮丧地觉得自己还不够了解坐在对面的这个人。虽然与人打交道是卡特最擅长的事，但是他仍然感到压力巨大。为了做好自己的工作，卡特付出了极大的努力。不过，虽然卡特拥有极高的工作热情，但是办公室的其他同事似乎并不买账，他们认为卡特太爱表现，因此常常会孤立他。

工作之外，卡特还是一名优秀的业余橄榄球运动员，这使他极具毅力，并且充满自信。在生活中，卡特认为自己是一个强势的人，这也使他能够果断地表达自己的观点和建议。不过最近，在他参加洲际橄榄球决赛时，由于跑得过快，他的头一下子撞到了观众席的护栏上，当时他只是觉得有点疼，医生检查后也说连脑震荡都没有，并无大碍。因此他本人也并没有把这件事放在心上，毕竟哪个运动员没受过伤。但是他可能不知道，从此以后，自己将进入一个魔幻的世界。

又是一个周一，卡特第一个来到办公室，他看了看自己的日程，发现今天又有好多事要做，又要见许多人，虽然会很累，但是他心里却充满兴奋与期待。过了一会儿，同事吉米走进了办公室。当他走进办公室的时候，卡特不经意间朝他瞥了一眼，心中忽然没来由地一紧：今天的吉米看起来有些怪怪的，但是又说不上来究竟哪里不对劲，他的衣服？他的发型？还是他对自己流露出的一丝丝敌意？“管他呢，这个世界上有好多事情要我管，我哪有时间关心他呀！”卡特心里这样想。

不多会儿，另一个同事麦克走进了办公室。卡特觉得他看起来跟平时也不一样了，但到底怎么个不一样，卡特也形容不出，总之感觉他的一举一动都别扭得很，给人一种特别不真实的感觉。正想着，同事米亚尔也走进了办公室，卡特抬头看了她一眼，惊觉连她也不对劲。“到底是怎么了？”卡特心里警铃大作，“为什么他们跟平时都不一样了，到底是怎么了？”

当同事们陆陆续续都来了之后，卡特私下里偷偷留意每个人，他发现每个人好像都变了：他们看自己的眼光都是一样的，充满了敌意；他们的神情、举止僵硬，彷如行尸走肉一般。他们虽然长得不一样，穿得不一样，发型不一样，行为也不一样，但是他们给人的感觉却那么相似，就好像他们只是机器人，被同一个人控制着似的。

“别胡思乱想了，怎么可能呢？或许他们都只是不喜欢我吧。最近工作强度太大，而且比赛安排得太密集，自己压力太大，所以才产生了错觉。对，一定是这样的！”卡特心里这样想，他深吸一口气，勉强让自己镇定下来。

还没来得及理清纷乱的头绪，跟卡特预约的第一个客户杰克到了。杰克是一个开发商，由于他的工程违反了一些管理条例，所以必须要对他进行罚款和限期整改，他来找卡特正是想要商量一下整改与罚款的问题。

卡特虽然从未见过杰克，但今天跟他一照面，眼神不由一窒：眼前的这个人虽然面上带着和煦的微笑，眼底却似乎潜藏着一抹冰寒之意。显然，跟自己的同事一样，这个人好像也不太喜欢自己。虽然是第一次见面，但他给人的感觉却像极了自己身边的人。“我要罚他的款，他当然不喜欢我了，看来我的每个同事都觉得我欠他们钱。”卡特这样想。

杰克走了之后，跟他预约过的第二个客户汤姆也来了。汤姆跟卡特很熟，这次来找卡特是想商量关于他新买的牧场的审批手续问题。卡特也希望自己的帮忙能让好友少走一些弯路，他们聊得非常愉快。但是在聊天的过程中，卡特总觉得怪怪的似乎有哪里不对劲，他不由郁闷：今天是怎么了？自己竟然连看到好朋友也觉得不正常。

卡特没有继续见客户，他觉得自己一定是累了，于是在自己的工位上趴着休息了一会儿。当他醒来的时候，他环顾周围，突然脑海中灵光一闪：“我终于知道是怎么回事了，原来所有的人都已经不再是原来的人，所有的人，都是由同一个人扮演的！尽管他能变得跟我身边的人一模一样，但我还是一眼就能辨认出来。”

于是他用审视的目光打量着自己的同事：原来他们都是由同一个人假扮的，这个人扮成自己的同事潜伏在自己身边，他到底是谁，想要干什么？

看似平静和谐的办公室中，涌动着一股若有似无的诡异气氛，仿佛有一只看不见的猛兽蛰伏着，蓄势待发。想到这儿，卡特情不自禁地打了个冷颤，这个人是谁，到底要干什么？自己在办公室太危险了，竟然有一个人扮演成自己的同事在自己身边，他感到自己正陷入一个巨大的阴谋之中。

突然，卡特桌上的电话响了，原来是前台来电说有位预约的客户已经到了，卡特立刻将他请到办公室来。预约者很快来到卡特的办公室，这个人卡特从来没见过，他来找卡特是代表公司商量这座办公大楼的改造事宜的。卡特发现这个人看起来也很不对劲，这个人的言谈举止甚至神情都跟自己的同事很像，虽然卡特从来没见过他，但却能从他身上感受到一种莫名的熟悉感。卡特震惊了，他突然明白了真相：“今天自己之所以这么忙，之所以有那么多的预约者，原来是有一个人扮演成不同的人来玩自己。他能扮演成自己的同事和朋友，还能扮演成形形色色的陌生人，他到底想干什么？”

很快到了中午吃饭的时间，卡特有意避开了同一间办公室的同事们，独自坐在一张餐桌上吃饭。尽管如此，他还是隐约觉得整个餐厅的人都在注视着自己。这些人的面容，都令卡特对他们有一种似曾相识的感觉。一种难以名状的恐惧感在卡特的心中逐渐蔓延，他发现，餐厅里的这些人其实也都是由同一个人扮演的，这个人能够同时扮演这么多人，而且这些人都跟自己离得这么近，围在自己身边，他到底要干什么？

卡特匆匆吃完饭，然后逃命似地跑回办公室，他压根没敢睡午觉，因为担心那位意图不明的神秘“影帝”会趁着自己睡着了做一些对自己不利的事情。卡特强打着精神苦撑到了下午，下午他又见了三位预约者，毫无例外，他觉得这三个人也都是由那位“影帝”一个人扮演的。他很担心这个人的动机：他扮演成能够接近自己的人，一定是想害自己。

终于挨到下班了，精神濒临崩溃的卡特现在只想赶紧回家。这个世界太危险了，竟然有人会这么变态，把自己的社交圈里所有的人都替换了，简直是匪夷所思。

卡特回到家里，发现妈妈已经准备好了饭菜，爸爸则像往常一样坐在沙发上看电视。卡特迫不及待地想跟爸妈说一说自己今天的离奇遭遇。但是当他看清爸妈的脸时，已经冒到嘴边的话突然噎住了。他发现，爸妈也是那个人扮演的。居然连自己的家人也是被扮演的！卡特心底紧绷的最后一根弦终于断了，他扭头推开门就要夺路而逃，但刚迈出两步却又突然停住了：整个世界只有自己与那个可恶的扮演者两个人，不论到哪里，碰到的人都是他，自己能往哪儿逃呢？

2

上面讲的并不是电影的片段，卡特并不是魔幻故事看多了，也没有把自己带入科幻电影的桥段，他的内心确实是认为自己周围的人都是由同一个人扮演的。你可能会说：“别开玩笑了，这样的事都不会发生在三岁小孩的身上，你竟然说这是个真实的案例，你确定不是在拿我们开涮？”

如果你这样说，那是因为你没有得弗雷格利妄想症，这是件好事。弗雷格利是意大利一位著名演员，他非常会演戏，演什么像什么，这么多年了大家还记得他，按道理说他应该也算个名人。人类喜欢用名人的名字给世界上的东西命名，比如行星啦，比如月球上的环形山啦，比如各种物理定律，但是弗雷格利这哥们儿比较惨，他的名字被用来命名了一种心理疾病。

弗雷格利妄想症，是一种非常罕见的心理疾病，可能你也发现了，心理疾病这东西，越是罕见，发病的特征就越奇怪。弗雷格利妄想症的患者会认为这个世界上其实只有两个人——他自己和另外一位影帝。周围的所有人都是这位影帝扮演的，自己原本认识的人和自己根本就不认识的人，都已经不是他们本人了。简单地说，不知道从哪一天起，生活中突然冒出了一个影帝，把你认识的所有人都给演了，而且还演得特别像，他们跟你在一起吃饭，坐公交，看电影，甚至还做羞羞的事情，崩溃不崩溃？首先不说可操作性啊，如果真的有这么个人闲着没事，给自己设定了那么多角色来演，而且还得懂分身术、易容术，还得学会各行各业的技能，这人肯定有什么目的。“对，当然有目的”，你要这么问，弗雷格利妄想症患者就会笃定地回答你：“他的目的就是想害我。”

这个回答确实让人大跌眼镜，好歹有些编剧的修养好不好。首先，想害你，何必费这么大的劲，你看《借刀杀人》里的阿汤哥，你看古龙笔下的西门吹雪，影视作品中杀手们杀人都是怎么杀的？都追求干净利落，最好一招毙命，然后快跑，不能让别人看到。跟你生活在一个世界的那位，他想杀你，居然要大费周折地去扮演你身边的所有人，他杀你是不是太费劲了，直接一枪干掉你不行吗？第二，就算是周围的人全都是他一个人演的，那么他杀你的机会多了，他可以在你吃的饭菜里下毒啦，可以趁你睡着了开煤气啦，可以在你过马路的时候假装没看到不踩刹车啦，你都能活到现在，证明人家根本就没心思害你。

就这样的一个逻辑，弗雷格利妄想症患者就整不明白了。但是既然这是一种心理疾病，患者的思维方式自然跟我们不太一样。但是你在看完这本书之后，应该了解，这世界上跟你思维方式不一样的人多了去了，因为精神病人跟你的思维方式就不一样，不过如果你发现周围所有人跟你的思维方式都不一样，你可以选择认为他们都是神经病，不过更好的选择，应该是去检查检查自己是不是神经病。

弗雷格利妄想症患者一般都会有这么几个症状，当然了，也不限于这几个症状，随着医学的发展，一定会再发现更多的症状。当然，我们最希望的，还是没有其他的症状了吧。

首先，不用说，弗雷格利妄想症患者认为自己跟一个影帝生活在一个世界里。这个影帝相当了不得，可以同时扮演很多角色，从患者认识的，再到患者从来没见过的，都是由一个人扮演的。如果你问他们这可能实现吗，他们就会把原因归咎于科学，他们认为这位影帝掌握了先进的科学技术，因此可以做到这一点。如果这个影帝的科学水平超越我们二百年，或许真的能做到，但是谁知道呢？你看看，在这种时候，科学居然成了背黑锅的。

西班牙的克里大妈，已经六十多岁了，由于她有一副热心肠，村里的人都很爱戴她。克里大妈还特别会讲故事，所以小朋友们常常结伴去她家听她讲故事。有一天，克里大妈一觉醒来，发现自己身处一个非常可怕的环境之中，她觉得所有人都是同一个人，尽管他们长得不一样，行为不一样，说话声音不一样，但是他们肯定是一个人。这个人扮演了除了克里大妈以外的这个世界上的所有人，目的就是跟克里大妈混熟，然后趁机害她。所以，当邻居帮她到院子里除草的时候，她会小心提防，她认为邻居的这一举动是想让她放松警惕；而孩子们来她家听故事的时候，她会认为这对凶手来说，是一个非常好的接近自己的机会，所以从那以后，她再也不给孩子们讲故事了。邻居们知道之后，纷纷来劝她，说："克里大妈，你别这样想啊，我们都是真正的自己。"但是我们都知道，老年人都觉得自己比年轻人有大智慧，自己认定的事情，怎么可能因为别人一两句话就给改了呢？

后来，邻居们发现克里大妈变得怪怪的，已经不是以前的那个克里大妈了，再也不热情了，整个人变得冷冰冰的。对此邻居们也没办法，毕竟是她要冷落大家。从此，克里大妈家的院子里总是能看到她孤零零地除草的身影。

弗雷格利妄想症患者的另外一个特征就是，他们的逻辑非常清晰，他们并不会像神经错乱的人那样，说出一些没有逻辑的话，相反，他们的逻辑是无懈可击的，你无法从逻辑上打败他们。这也是心理医生在治疗弗雷格利妄想症患者的时候遇到的最闹心的事情。你在对弗雷格利妄想症患者进行治疗时，根本没法让他们相信你说的话，即便是有个把口才不好的患者说不过你，你在嘴皮子上取得了胜利，但是他心里还是不信你的。我们都有这样的生活经验，对于一个固执的人，即便是他做错了，你也很难让他认识到自己的错误，更别说弗雷格利妄想症的患者，个个都觉得自己是对的。

荷兰的患者兰登，在接受心理医生治疗时，表现得极为冷静，而且逻辑也很缜密，除了那个关于影帝的错误认知之外，其他方面均与正常人无异。心理医生试图用各种方法告诉兰登没有人在扮演其他人，但都被他一一驳斥，最后他居然还认为帮他治疗的心理医生也是由跟他生活在一起的那位影帝扮演的，这让心理医生多少有点哭笑不得。

弗雷格利妄想症患者的第三个症状，跟很多心理疾病患者一样，就是他们非常地缺乏安全感。就单从他们认为某位影帝想害他们的意图来看，就知道他们多没有安全感了。他们每天生活在恐惧与不安之中，精神高度紧张，无法使自己放松，他害怕自己一旦放松，那位影帝就会来伤害自己。如果世界上真的存在这样一位影帝，那他也太无聊了，想要害你还要用这么一种方式伪装，最后还被你发现了。所以你放心，影帝就这智商，是害不了你的。

美国一名四岁的患者珊妮就非常害怕，她担心跟自己共处的这位影帝在某一天会演得不耐烦了，把自己杀掉。开始的时候，当她说出幼儿园的老师和小朋友都是一个人演的的时候，父母认为这是她不想去幼儿园的借口，后来听她说连游乐场的小丑也是这位影帝扮演的，甚至连父母都是别人演的的时候，珊妮的父母才开始担心了。最终他们找到医生，才了解到了珊妮的真实状况。

再说一点，弗雷格利妄想症患者很少会声张自己的症状。这也很好理解，既然他们认为所有人都是由一个想要害自己的人扮演的，那么不论告诉谁自己的想法，都相当于告诉敌人我已经看穿了你的诡计。那患者们不说，我们是怎么知道这世界上有这种病的呢？首先，有少数患者还是会说的，他们会主动找到医生并寻求帮助，他们知道自己的想法有些荒谬，但是又说服不了自己。另外，有一些人康复了之后描述自己的病情时，会把当时自己的想法和状况说出来，尽管可能会有夸大的成分，但是症状基本上是差异不大的。此外，还有一些比较极端的例子。一些病人因认定周围的人有意加害他，所以先下手为强，干掉几个影帝的分身，然后他们会被警察抓起来，在警察局里，他们把自己的想法说出来，我们也由此了解到这种病。

3

弗雷格利妄想症也确实是一种非常奇葩的心理疾病，要说起来它的发病原因，其实是很复杂的。简单地说，就是跟大脑的损伤有关。我们大脑的两个皮质层负责传输信号，使人产生不同的感情，我们看到不同的人会有不同的感觉，就是大脑皮质层传递信号的结果。而弗雷格利妄想症患者可能是由于脑部受到某种损伤，这种信号传递机制被破坏了，这导致他们看到谁都是一样的感觉。患者潜意识里认为这些人都是一个人，但是他们又长得不一样，思维里的两个小孩经过一系列的斗争，达成和解，一致认为这些人全都是由一个人扮演的，“不管可操作性了，就这么认为吧，不然我这思维就要错乱了！”

从病因可以看出，这种病症又涉及人类了解得并不多的大脑，那么多细微的组织和结构，科学家暂时还不能从其中找到弗雷格利妄想症的具体根源。但是科学家不能放任弗雷格利妄想症患者不管，除了把大脑剖开一条神经一条神经地捋，还是有一些能起到作用的办法来对抗这种疾病的。

当前对于弗雷格利妄想症的治疗，主要是通过药物治疗和心理疏导相结合的方式。

药物治疗是指采用精神疾病的药物进行治疗。精神疾病的药物对于患者具有安定的作用，这种药物并不能修复患者损伤的皮质层传输通道，但是可以使患者不再想周围的人到底是被扮演的还是真的这种问题。但是药效一过，患者还是会陷入强烈的紧张感和危机感之中。药物治疗在一定程度上能够抑制弗雷格利妄想症，但是却会降低患者的神经兴奋度，这种治疗方法可能会影响脑部的一些功能。

上文提到的四岁的美国患者珊妮，医生在对她采用药物治疗时，尽管能抑制她的癫狂状态，但是却一度令她出现对于任何事情都不感兴趣的情况，这对于一个幼儿来说是十分可怕的。所以在药物治疗开始没多久，她的父母担心抑制药物会影响她的脑部发育，因此停掉了药物治疗。

心理疏导治疗就是心理医生跟患者进行交流，或者采用心理学手段进行治疗。但是正如上面提到的，因为弗雷格利妄想症患者对于自己的这一套说辞有着非常缜密的逻辑，所以他们很难被心理医生说服。因此，对于弗雷格利妄想症，心理疏导这样的治疗并没有太大的效果，所以当前比较常用的还是采用药物治疗和心理疏导相结合的治疗方式。

如果真的有一个想害自己的人潜伏在身边，而且这个人还能轻松扮演所有人，那么搁谁谁都会害怕得不得了。听罢你一笑置之，但弗雷格利妄想症患者真的认为是这样，他们不仅心理上这样认为，生理上也这样认为，更闹心的是，他们还不告诉你，即使告诉了你你也没法说服他们。所以下次见到那个说你是被扮演的人的时候，你可以告诉他："哥们儿，我演的是一个对你无害的角色。"

我正在消失——科塔尔妄想症

1

小晴是个有着洋娃娃般精致脸孔的漂亮女孩，加上她在班里年龄最小，人又十分乖巧懂事，因此大家都格外喜爱她。平时有什么好事，大家总是第一个想到她；如果她遇到什么麻烦事，大家都争着抢着帮忙。

这天，大家商量好了一起去秋游，小晴开始时不打算去，但是大家自然不能让她落下。到了城郊，虽然已是晚秋时节，但郊外的景色分外迷人。徜徉在美景之中，大家玩得很开心，不知不觉便到了晚上。大家围坐在篝火旁，愉快地聊天，纵情高歌，玩得非常尽兴。小晴也很开心，觉得这次跟大家出来真是一个明智的选择。不知不觉，已经到了深夜，大家虽然意犹未尽，但是无奈困意来袭，一个个都哈欠连天。

还好，大家事先准备了帐篷和一些简单的野外用品，总算不用睡在寒风中。于是大家麻利地支起帐篷，然后一个个钻进帐篷里去。因为大家都很累了，所以这一觉每个人都睡得格外香甜。小晴第二天睁开眼睛的时候，已经是早上九点多。她坐起来，发现自己的帐篷并没有做好密封，靠头这边的帐篷被拉开了一个小口，凉风嗖嗖地往里吹，估计就这样吹了自己一晚上，可能是自己昨天太累了，根本没感觉到。“不管了，反正以后也不会在这个帐篷里睡了。”小晴心中如是想着，起身走出了帐篷。

第二天并没有什么令人期待的活动，可能是因为第一天大家把能玩的都玩了。中午，大家清点了一下人数，就坐上大巴准备回学校了。在车上，大家先玩闹了一会儿，不过一会儿大家就不说话了，有的人闭目养神，有的人侧头静静地欣赏着窗外的风景。

小晴倚在窗边，正欣赏着窗外的深秋美景，突然，她看到旁边飞来了一只虫子。小晴吓得花容失色，忍不住大声尖叫，引得周围的几个同学转过头，用询问的眼神看向她。坐在小晴旁边打盹的娟娟也睁开了眼，看到飞舞的虫子，她挥了挥手把虫子赶走了，然后对小晴说：“干嘛这么大惊小怪的，一挥手不就把它赶走了吗，你看你大喊大叫的，吓了我一跳，我才刚睡着，就被你吵醒了。”

小晴非常愧疚，马上跟娟娟道了个歉，请她不要生气。然后，小晴突然意识到一个问题：为什么自己刚才看到虫子没用手去把虫子赶走，反而失声尖叫？以前她可从来不这样，而且大家都在休息，自己大喊大叫也很影响别人，真是太不应该了。自己今天这个表现真是反常。郁闷的小晴安慰自己，可能是昨天玩得太累了，回去好好休息就好了。

过了一会儿，大巴停在了服务区。小晴觉得车里有些闷，于是她扭头对一旁的娟娟说：“娟娟，帮我打开窗户吧。”

娟娟看了小晴一眼，忍不住挑了挑眉：“小晴你怎么了，你好搞笑啊，你自己坐在靠窗的位置，却让我这个坐在过道的人帮你打开窗户。而且，我这个位置也够不着窗户啊。”

经她这么一说，小晴也发现这件事不太对劲，原来自己才是靠着窗户坐的，如果觉得闷，应该自己打开窗户才对，为什么要让娟娟帮忙打开呢？于是小晴抬起胳膊，打开了窗户。

过了一会儿，车继续开了。可能是因为大家都休息够了，车上的气氛又活跃起来，一个男生跑到车前面为大家唱了一首歌，唱得非常好，一曲结束，大家都纷纷鼓掌。小晴也听得很高兴，这时候，娟娟凑到小晴耳边，低声跟她说："小晴，鼓掌啊，你怎么不鼓掌？"

听娟娟这么一说，小晴才意识到，自己刚才根本没鼓掌，于是她尴尬地抬起手，慢慢地鼓起掌来。

大家发现小晴有些异常，但并没说什么，可能是昨天玩得太累了，也可能是今天她的兴致不高，不管怎么说，折腾了一天多，任谁都不能像刚开始一样兴致高涨。

过了一会儿，小杨抱着一箱矿泉水，给大家逐个发水。当他抱着箱子走到小晴面前时，马路上出现了紧急情况，司机师傅猛地踩了一脚刹车，小杨一个没站稳，身体猛地向前一倾，连人带箱子全都倒在了小晴的身上。在整个过程中，小晴只是尖叫，却没有伸出手去挡一下。车停下后，小杨抱歉地站起来，一脸愧疚地给小晴道歉，小晴也觉得没关系，毕竟小杨又不是故意的。

可是刚刚的状况，让小晴意识到了今天自己有点反常。遇到一个人向自己倒过来，人的第一反应不是应该伸手去挡一下的吗，为什么刚才自己连这点基本的条件反射都没有呢？一个小时前，自己觉得车里闷，自己伸手打开车窗就好了，为什么要让坐在过道的娟娟帮自己开窗户？还有，自己遇到虫子，为什么不伸手去驱赶，反而要尖叫呢？感觉今天发生的这几件事好不正常啊，"可能是因为自己累了，睡一觉或许就好了。"小晴这样安慰着自己，然后沉沉地睡去了。

当小晴醒来，发现马上就要开到目的地了。尽管刚才在颠簸的车上睡得并不舒服，但是小晴还是感觉自己没有之前那么累了，而且她也忘了睡觉前的忧虑。到了目的地，司机提醒大家不要落东西在车上，然后大家陆续下车了。

坐在旁边的娟娟站起来，向车门走去。小晴也站起身，抬头看了一眼架子上放着的自己的包，想伸手去拿，可是行动起来却觉得极不自然。长在自己身上的这两条胳膊，还有这双手，虽然自己还能勉强控制，但却仿佛并不属于自己。当小晴背好书包，迈步准备下车的时候，她突然觉得自己的腿已经没有了。小晴惊恐地向下看，却发现自己的腿还在。尽管如此，她还是有一种非常强烈的感觉，自己的腿已经消失了，眼前的这双腿不过是一双假腿，根本不受控制。不单如此，自己的胳膊，也早就消失了，此时长在自己身上的胳膊，可能纯属摆设，也可能是替代品。

小晴终于找到了自己一切怪异行为的答案：难怪自己遇到虫子不能伸手驱赶，自己觉得闷却不能伸手打开窗户，还有刚才小杨向自己倒过来，自己却不能伸手去挡。原来长在自己身上的手早已经不是自己的手，它们已经消失了。想到这里，小晴觉得自己的整个身体都在慢慢消失，四肢已经不再为自己工作，心脏也将会不再为自己跳动，最后自己会逐渐变成一个躯壳，一具行尸走肉。

小晴呆呆地站在那里，她知道自己正在慢慢消失，被一具行尸走肉所代替，可能自己将来再也无法控制自己的身体了，自己那具美丽可爱的身体，将永远不再归自己所有。一股强烈的无力感和恐惧感袭上心头，她摇摇欲坠地站在原地，突然歇斯底里地大哭起来。

❷

小晴这个症状，确实很少见。事先说明啊，上面这件事你不能理解为比喻，不是作者想写这么一个故事来影射现代人希望自己消失的情怀。No，no，上面就是一个真实的案例，现实生活中就有。尽管现代人拼了命地想要寻找一个所谓的存在感，但是有一种心理疾病却让人觉得自己正在消失，你说闹心不闹心？这种心理疾病，叫做“科塔尔妄想症”。

OK，不能不说，又有一位倒霉的心理医生，他的名字被用来命名了一种心理疾病。科塔尔是第一个发现这种心理疾病的医生。在他之前，大家没觉得这是病，碰上这么个案例，心理医生大多觉得病人在跟自己要宝，脾气好点的就说你好好休息，别想那么多；脾气差点的直接就把病人轰出去了。直到科塔尔正式宣布这一发现之后，心理医生们才开始正视这种病，并且启动了对它的研究。

科塔尔妄想症最明显的特征，就是患者认为自己身体的某一部分或者全部正在消失，尽管这些部位用肉眼还能被看到，但是病人们认为它们已经消失了。眼前的这具躯壳，不知道是什么，也不知道是谁给弄上的，总之这个不是自己真正的身体，自己的身体早就消失。尽管很难理解，但是科塔尔妄想症患者却对此深信不疑。这是一种非常毁三观的心理疾病，颠覆了我们中国人对事实和真理“耳听为虚，眼见为实”的基本认知。

小学生艾米莉就是一个科塔尔妄想症患者，她认为自己的身体正在慢慢地消失，而且消失的部分又莫名其妙地重新长了出来，但是重新长出来的这部分身体已经不再属于自己，已经不再服从自己意识的支配，自己很不幸地变成了一具行尸走肉。尽管她还小，不能够理解“行尸走肉”这个词的特殊含义，但是她仍然为自己以后不能再控制自己的身体而惴惴不安，为自己将变成另外一个人而感到恐惧。

当科塔尔妄想症患者充分确定自己正在消失这一事实之后，他们会采取相应的措施来报复自己的“新躯体”，从而产生暴力倾向。这听上去多少缺乏一点“天下为公”的意识，不是你的东西你就非得去破坏吗？不过细想一下，这也很好理解，有人占了你的床，你恨他不恨他？电影院里有人坐了你的座位，你恨不恨他？更别提有人占了你的身体（这么说好像有歧义，我的意思是，有人让你的身体凭空消失），然后自己再去做你的身体，而且还不必受你控制。所以，当科塔尔妄想症患者对这具鸠占鹊巢的行尸走肉的痛恨达到忍无可忍的地步时，他们就会开始残害这具身体，有时候甚至会丧心病狂地想要杀害这具身体，当然了，这一行为在外人看来就是自残和自杀。

美国的患者慕伊尔，认为自己的身体已经完全消失了，这具能看到的身体不知道是个什么东西。于是他开始停止进食，他认为既然自己原本的身体已经消失，那么吃饭这一活动已经变得没有意义了，尽管他会很饿，但是他认为这只是占据他灵魂的那具不知名的身体在发出求救信号，完全可以无视。后来，他已经不满足于用饥饿来报复，他开始残害这具身体，他认为自己能感觉到的疼痛，这具身体也能感觉到，他甚至想要杀死这具身体，幸好被及时发现，送到医院及时进行了抢救。但他被送到心理医生那里去的时候，他已经是伤痕累累，而他的意识，也被疼痛和报复的快感所占据。

这个案例从一定程度上启发了心理医生：能否为科塔尔妄想症患者想一个好办法，在不损害身体的前提下，让他们能够报复这具“行尸走肉”，比如说通过锻炼让这具身体更累等方式？如果哪天患者一旦醒悟，不再犯病，他们也能得到一副更好的身体。

需要注意的一点是，尽管科塔尔妄想症的患者认为自己的身体已经消失，自己是一具行尸走肉，身体已经不受自己的控制，但是患者的这具“行尸走肉”事实上还是在他们的控制之下才做出各种行为的。所谓的“不受自己控制”，只是患者一厢情愿的想法。实际上，与大脑神经相关的机体控制系统并没有发生改变，但是由于患者的思想与身体长时间地产生对立，导致自己的思想对控制身体这件事产生了抗拒。患者认为：既然身体不是自己的，那么何必去控制呢？而且即使控制，也不一定能达到自己想要的效果。不过他们忽略的一点是，这具身体不论做出怎样的举动，都是出自他们的意识，除了患者本人，没有人能够控制他们的身体。

维克托大叔就是一个科塔尔妄想症患者。他认为自己的身体已经至少有一半不属于自己，能够受到自己控制的部分也即将要失去。于是他就不再在意自己的身体，反而通过多读书以达到“充实自己的灵魂”的目的。后来他甚至到了不吃饭、不睡觉、不洗澡的地步。他认为自己不应该大费周折去维护一具“即将成为别人的身体的身体”。在对他进行治疗的过程中，心理医生告诫他，其实这具身体仍然在你的控制之下，它的任何行为都出自你自己的命令。尽管维克托大叔很认同心理医生的话，但是他对于自己的身体还是有一种虚无感，他感觉不到这具身体的存在，尽管睁开眼睛就能真真切切地看到它。

3

我们已经对科塔尔妄想症这一奇葩的心理疾病有了一个鲜明的认识，那么到底是什么导致了科塔尔妄想症的发生呢？

其实还是大脑的问题。我们已经知道，人类的感觉都是依靠大脑中信号的传递产生的，人类的感情也是同样的机理。当大脑中传递感情和感觉的信号通道被破坏，或者出现问题，那么人类将不能准确地对特定事物产生感觉。简单地说，就是由于大脑信号通道的破坏，人们会产生一种身体已经消失了的感觉，但是事实上身体并未消失，而且用眼睛还能看到，这时候大脑发挥了自己的想象力，告诉患者，这是一具行尸走肉，是假的，不受你的控制，他这是鸠占鹊巢，你得好好收拾收拾他。

科塔尔妄想症的外因一般是大脑遭受损伤，导致信号传递通道受损。小晴在郊游时，头部被深秋的寒风吹了一夜，导致大脑受到损伤，出现了科塔尔妄想症的症状；而艾米莉和慕伊尔也都是因为大脑受到过损伤，才会出现这种症状。研究进展到今天，还不能证实科塔尔妄想症与遗传有关，想想也对，作为一个科塔尔妄想症患者，怎么可能用别人的躯体去繁衍后代呢？

当前对科塔尔妄想症的治疗并没有很好的方法，一般也是通过心理疏导和药物治疗。但是效果并不是很明显，当前能痊愈的案例，大多是通过患者的自身调节和重新认识。

心理疏导有很多种方法，但是基本上都是能够说服患者，却不能改变患者的认识。本来这种病嘛，就不太符合逻辑。一方面身体还在，患者却认为身体已经消失；另一方面，你在这里胡思乱想，却认为身体已经消失，很不符合“我思故我在”的哲学原理。当然了，心理医生这样跟患者说，患者也没有什么好说的，毕竟论嘴皮子他们是很难干过心理医生的，但是患者自己内心的认识并没有发生改变。他们很认同医生的说法，他们也觉得一个人能思考，能看见自己的身体，那么按理说他的身体不可能消失，但是他们却仍然笃信自己的身体已经消失了。不管医生再怎么说，他们可能会跟医生一起嘲笑其他患者的思维矛盾，但是自己却仍然不会改变原来的想法。因为感觉这种东西，是别人无法强加也极难改变的。

心理疏导还有另外一个弊端在于，我们不能确定患者是否真的痊愈了。也就是说，当患者从椅子上站起来的那一刹那，他会告诉心理医生：“我已经好了，现在我非常确信我的身体就是我自己的，它并没有消失。”心理医生可能会认为自己的治疗已经成功了，但是患者真正的想法可能是觉得心理医生太幼稚可笑，不能理解自己的看法，他也不愿意再听心理医生絮絮叨叨，于是干脆谎称自己已经痊愈。所以，那些通过心理疏导已经“被治愈”的科塔尔妄想症患者，我们不能确定他们是否真的好了，或许他们以后会找个没人看得见的地方继续自残。

对于这种妄想症，小朋友们会相对容易治疗一些。因为心理医生一旦穿上白大褂，他说什么小朋友都相信，他们只相信制服。如果他们连心理医生都不相信，那么还有杀手锏，那就是老妈，老妈跟小朋友说，你要是再觉得自己消失了，信不信我揍你！小朋友即便很相信自己已经消失了，但在威胁之下，又会恢复正确的感知。

药物治疗一般还是采取抑制的方法，让患者不再去多想，不再想自己的身体到底消失没消失，到底还在不在。但是这种治疗不能从根本上解决问题，当药效过去，患者仍然会认为自己的身体已经消失，抑制只能让患者暂时平静下来。

小晴在接受治疗时，尽管无法否定心理医生给自己灌输的那些道理，但是她却一直认为自己的身体已经消失，这个想法在治疗过程中一直不曾动摇。在药物治疗的过程中，尽管抑制让她不再多想，但是治疗效果并不理想。

现实生活中真的有人认为自己是行尸走肉，想想也挺可怜的。所以，当有朋友告诉你，他的身体正在消失时，不要嘲笑他看美剧看傻了，多给他一些关怀吧。你不知道他那种穿着别人皮囊的感觉有多难受。

我是一匹来自北方的狼——化兽妄想症

我小时候一直认为自己生活在动物世界里。幼儿园里的老师是狮子，比较能吃的小朋友是猪，瘦了吧唧的小朋友是猴子，尖脸的小姑娘是狐狸。他们白天会变成人的样子出来活动，晚上回家就会变回原样。小朋友这样想，是一种想象力丰富的表现，但是长大了还把自己跟动物扯上关系，可能就是心理问题了。

关于人和动物的关系，之前我一直以为经过了长期的进化，我们人和动物之间已经形成了严格的界限，很难跨越，但是后来反例层出不穷，最令我震撼的是之前听过的一个关于印度狼孩的故事。

1920年，生活在印度的一个小城镇的人们发现了一个狼窝，那时候人们不太了解食物链这种东西，不会去考虑平衡，觉得狼这种生物太危险，于是分分钟将一窝狼干掉了。当他们把狼干掉之后，却惊讶地发现，狼窝里面有两个小孩。

这两个小孩可能是由于战乱与家人失散了，被狼弄去当孩子养了，也有可能是狼趁着哪一家大人不在给叼过来当晚餐，还没来得及吃，或者时间过太久了忘了吃了。不管是哪种原因，鼻子眼睛都证明，这两个小孩是咱们人类，得救出来。

等两个小孩被救出来之后，人们才大跌眼镜，这俩小姑娘长得是人类的样子，但是做事完全就是狼的做派。不，不，这里不是比喻，她们真的就是一副狼的样子：她们走路的时候从来不站起来，都是用四肢着地。正在读这段文字的你可能情不自禁地开始模仿她们玩玩四肢着地，但是你会发现，这个动作不仅做起来费劲，想要长期保持还很累。当她们快跑时，也是手掌脚掌同时着地，动作难度系数极高。她们喜欢单独活动，害怕光和热，白天她们会藏起来，到了晚上会出去活动，觅食，有时候还会像狼一样长嚎。她们并没有人类复杂的七情六欲，她们只是饿了觅食，累了就睡觉。

在把这一对小姐妹送到孤儿院抚养的同时，科学家们费尽力气，教她们重返人类生活。可惜的是，小的狼孩在被送到孤儿院之后，很快就死了，没能成功返回人类世界。于是科学家费尽心血，把大狼孩培养成人。事实证明这么做还是很有成效的，大狼女卡马拉经过科学家的帮助，终于学会了简单的单词，并且能够听懂简单的话，白天活动，晚上睡觉，而且可以直立行走。科学家们为自己的成果感到骄傲，终于帮这小姑娘一只脚迈入人类的世界了。但是可惜的是，就在人们想继续将她进行改造时，这位狼女撒手人寰，留给人们无尽的遗憾。

当时这件事情对于人类社会的震动非常大，大家都认为，这证明人和动物之间并没有不可逾越的鸿沟。人不但可以被骂作禽兽，也可以真的认为自己是动物。不过到了今天，尽管人类的孩子被动物抢走的事情不太可能发生了，但是，却有一些人由于心理疾病，认为自己是动物。

王韬是一名年轻的业务员，他每天要跟形形色色的客户打交道，忙得不可开交。由于出色的工作能力和优秀的业绩，他很受领导的赏识。

有一天，王韬下班后在路边看到一条可爱的白色小狗，于是他忍不住过去逗了一会儿小狗。王韬是一个爱狗族，狗的可爱乖萌让他心情大好，甚至忘记了工作一天的劳累。对此，他自己也说不上来是怎么回事，可能是天生对狗就有一种好感吧。回到家吃完饭，王韬随手翻开一本杂志，杂志的内页彩插上也有一条非常可爱的狗。他专注地盯着这张图看了一会儿，心中涌动着一股异样的情绪。他觉得图中的萌狗传达给他一种亲切感。说实话，从小到大，王韬看到狗之后，都会有一种无比亲切的感觉。虽然他尚未养过狗，但是他心里却一直认为，狗会是他的好伙伴，将来自己一定会养一条狗，并把它当家人一样对待。

王韬对狗的喜爱逐渐达到了狂热的地步，有时候他甚至觉得自己可能就是一条狗，或者说，他好希望自己是一条狗。想到这里，王韬突然觉得自己正在慢慢变成狗，尽管镜子里的自己仍是一副人类的模样，但是他坚信，自己就快要变成一条狗了。这么想着，王韬突然有些小激动。

周末，王韬兴冲冲地跑到了一家宠物店，挑了几件宠物狗穿的衣服。一回到家，他就迫不及待地给自己穿上，然后模仿着狗的姿势和动作，对着镜子欣赏自己的表演。这样的表演让他感到异常兴奋，他甚至觉得自己已经变成了狗，已经跨越了人类和狗的界限。自此，王韬一有工夫，就会在家里换上宠物狗的衣服，对着镜子搔首弄姿，把自己逗得非常开心。

但是时间久了，王韬也有些索然无味：镜子里的自己仍然是人类的模样，都没有什么变化，没意思，难道自己不能把模样也变成狗的样子吗？怎么样才能让自己更像正常的狗呢？这时，王韬突然听到了外面有狗在叫，他打开窗户，发现一只狗正在街边的路灯下撒尿。王韬恍然大悟：原来自己只是从外型上模仿狗，生活方式上并没有向狗看齐，难怪总是感觉自己的模仿并不得法。于是王韬欢欢喜喜地跑下楼去，把一条腿朝树干上翘，也学着狗的样子方便了一下。

这一个步骤做完之后，王韬满意地点点头，这才是神形兼备，他觉得自己跟狗又近了一步。王韬在以后的时间里，时常模仿狗的其他行为，甚至吃饭都不再用筷子了。现在，王韬已经非常确定自己是狗了。当他在路上碰到狗的时候，他甚至会上前尝试与它进行交流。尽管王韬并不能理解狗在说什么，狗估计也被王韬搞得莫名其妙，但是在旁人看来，这一人一狗相处得非常融洽。

王涛还尝试了习惯狗的饮食，去吃狗粮，但是一段时间之后，发现身体根本吃不消。于是王韬将此理解为自己的变形还不彻底，因此他只得放弃了长期食用狗粮的计划，改吃人类的食物。

王韬白天上班的时候是一个非常正常的人，一到晚上，回到家就开始做他的狗。他将自己的这种行为解释为在人类占据绝对支配权的世界中的生存方式。王韬小区里的邻居常常会惊奇地发现有个人穿着宠物狗的衣服到处跑，这是在做什么商品促销吗？

2

我们在生活中常常会说一个人：“你这种行为真是禽兽不如！”好像不如禽兽是一件很丢人的事情。但是仔细想想，真的想做到跟禽兽一样那是相当不容易的。即便是我们在电视上看到的模仿动物的模仿秀，无论演员模仿得多么惟妙惟肖，但是我们还是一眼就能看出他们是人，因为模仿演员尽管有很高的模仿技巧，但他本人认为自己是一个人。

不过话也不能说得太绝对了，因为在这个世界上，确实有一些人从内心认为自己是动物，或者自己将要变成动物。他们从动物的视角来看这个世界，认为自己是在天天模仿人类的生活。这其实不是一种简单的认知错误，而是一种心理疾病，心理学家称之为“化兽妄想症”。

所谓“化兽妄想症”，从字面上就很容易理解，就是患者认为自己正在变成野兽。化兽妄想症的患者非常少，这种病也非常独特，到目前为止不仅是我们这些普通人，连心理学家都觉得这种病真的是匪夷所思。

化兽妄想症患者最明显的特征就是认为自己已经不再是人类，要么认为自己就是一头野兽，要么认为自己正处于野兽变成人的半兽人时期，要么认为自己将要变成野兽。不管怎么样，他们都拒绝承认自己是一个正儿八经的人。尽管这样的看法无论是从生物学和伦理学上都很难自圆其说，但是患者就是相信，你有什么办法？你连为什么那么多人都喜欢某个双商感人、演技糟糕的演员都不能理解，你怎么可能理解化兽妄想症患者的心理呢？这个世界上并不是所有事情都能解释得清楚，化兽妄想症患者就会稀里糊涂地认为自己是个可爱的小动物，他们并不追求其中的科学道理，他们只相信自己。

化兽妄想症患者小刘从小就认为自己是一头大象，尽管自己的体重都比不上大象的一条小腿，但他从来不管这些，他常常挥一挥别人看不见的鼻子，或者将四肢跪在床上睡觉；王梅认为自己正在变成一只鹦鹉，尽管学说话的能力没问题，但她从来没注意过自己的身躯能不能钻进精致的鸟笼里；小周觉得自己是一头熊，很快就要返回丛林之中了，不过显然他没有考虑清楚自己回到熊出没的森林后，其他的熊会不会把他看作哥们儿。

化兽妄想症患者常常会去模仿动物的生活习性。因为知道自己是动物，所以他们总是热衷于寻找属于自己的生活方式，这听上去似乎蛮酷的，实际上却是一种很二的行为。从自然规律上讲，动物的生活习惯是根据它们的身体特征和生活环境慢慢养成的，几千年的进化，物竞天择，才形成了自然界的各种生活方式。所以说，有些事情不是你想模仿就能模仿的，你想要像动物一样生活，必须要先长成那个样子，你没有长脖子，怎么能学长颈鹿啃树叶？你没有长鼻子，还能像大象那样用鼻子卷东西吃吗？化兽妄想症患者如果只是把模仿小动物当作一种爱好，倒也无可厚非，但是他们却常常去做一些身体和环境所不能允许的事情，这就会给他们的生活和他们周围的人带来困扰。很多时候我们不太理解他们的行为，甚至会当成一种行为艺术。

1852年，法国南部曾经收容过一位认为自己是狼的男子，这也是世界上发现的第一个化兽妄想症患者。这哥们儿为了让大家相信自己是一匹货真价实的狼，会张开嘴让人看他锋利的狼牙，掀开裤腿让人看他浓密的体毛，他还会模仿一些狼的基本生活习性，比如昼伏夜出，大晚上嚎叫等。为他提供饮食的时候，收容所的人一度很苦恼，到底是给他生肉还是给他熟肉？按道理来说，他认为自己是狼，肯定是要吃生肉啊，但是作为一个人，吃生肉消化系统肯定吃不消。不过后来，收容所发现他们的担心是多余的，因为这位化兽妄想症患者根本咬不动生肉。其实，化兽妄想症患者模仿动物的生活习惯，也并不是完全照搬的，他们的模仿只是在身体机能能够承受的范围内进行的，并不是所有的动物行为他们都会去模仿。就像这位法国患者，能够模仿狼的很多生活习性，但是不能像狼一样吃生肉，毕竟长着人的牙齿嘛。

资深的化兽妄想症患者会产生幻觉，把自己想象得跟动物无限接近。作为化兽妄想症患者，他们认为自己的身体不论是外形还是结构都已经发生了巨大的变化。当然了，在外形上，旁人看他们并没有什么太大的变化，模仿动物时间长了难免会显得沧桑一点，颓废一点，但这都无法改变他们的人形；在结构上，如果给化兽妄想症患者照照X光，肯定是跟正常人没有什么区别，但是人家患者就是认为自己有了动物的体魄，一照镜子就看见牛角啊，狼牙啊，鱼唇什么的，跟拍恐怖片似的，你能怎么办？

美国的化兽妄想症患者艾美女士声称自己在照镜子的时候，能够看到自己的头是一个驴头，尽管这不太符合女人的爱美之心，但是这证明艾美女士已经患有比较严重的化兽妄想症了；法国的化兽妄想症患者弗兰克认为自己的身体已经变成了猪的身体，尽管这位患者可能会被怀疑在为自己的偷懒找借口，但是心理医生已经诊断他患有比较严重的化兽妄想症。

不得不说的一点是，部分化兽妄想症患者是有暴力倾向的。这也很好理解，如果患者认为自己是一匹来自北方的狼，那么他势必会模仿狼的生活习性，像狼一样残暴。其实可怕的并不是狼，而是西装笔挺的商务人士把你当唐僧突然给你来一口，你还不知道他想干嘛。但是由于人类自身体格的限制，很多化兽妄想症患者尽管有暴力倾向，但是其破坏性并不大。因此，总体上来说，这种化兽妄想症患者的暴力倾向，比起其他的心理疾病患者来说，其实是轻得多，他们最多扑上来咬你一口，或者抬起后脚跟给你来一脚，弄不好把你惹毛了还得让你给揍一顿。

杰克认为自己已经变成了一只猫，所以他常常会去挠人，但是他这个人非常讲卫生，天天剪指甲，所以他的攻击力非常有限。很多时候他想攻击人，喵呜一声扑过去，最后在别人身上连半条血痕都没能留下。

3

化兽妄想症的症状确实令人抓狂，如果一个人站在你面前告诉你他是一只老虎，你会不会觉得抓狂？孙悟空、猪八戒这么厉害的“人”物，尚且长着一张动物的脸，你说你是老虎，你的老虎脸呢，你的老虎尾巴呢？说真话，我从小学二年级开始看到赵雅芝就知道她不是白蛇精了，但是这么多成年人都不能很好地给人和动物画个界限，他们到底怎么了？OK，那就让我们探讨一下化兽妄想症的病因。

化兽妄想症在很久之前出现的时候，心理学家们并没有给出合理的解释。那会儿科学还不发达，人们遇到个什么稀奇古怪的事都爱用超自然现象来解释。因此，对化兽妄想症最早的解释是，患者可能是被某种动物给咬了，因此身体迅速发生了变异，从而认为自己变成了咬了他的那种动物。听着耳熟吧？耳熟就对了，这是《蜘蛛侠》里的情节嘛，对于化兽妄想症诸如此类的解释，除了科幻故事或者灵异电影，基本上是不会出现了。

目前，对于化兽妄想症比较令人信服的解释是，患者的大脑出了问题，使得认知发生偏差，从而引发了化兽妄想症。本来我们大脑皮层中有一个关键部分是控制认知的，我们能够拥有正确的认知能力，能够知道老虎是老虎，大象是大象，狮子是狮子，完全要归功于这一个部分的正常运转。但是患者如果由于种种原因，这一部分受到了损伤，不能完全正常运转，这样就会导致认知出现偏差，看老虎像狮子，看自己像一匹狼。

因为一个人的判断能力主要是通过大脑产生的，所以一旦大脑给出了一个结论，旁人是很难给你改过来的。就像你明明看到一只老虎，别人告诉你这是一条狗，你肯定不信，任凭别人怎么口若悬河，旁征博引，搞得你没话说，你照样不信，因为你看到的就是老虎啊。再者，这样的经历大家肯定都有过，别人敲开你家门卖保险给你，任他三寸不烂之舌说得天花乱坠，你都坚决不买。同样的道理，对于化兽妄想症患者来说，大脑已经给了他们一个结论，他们已经确定自己就是动物，所以我们怎么说服他们也是徒劳。这也给了我们一点启发：那些总是固执地坚持一些错误观点的人，是不是也是脑子出了问题？

大脑皮层区域里任何一个部分出了问题，都会导致不同的认知错误，而大脑皮层由无数的神经元和神经递质组成，正好损坏了一部分导致化兽妄想症的概率其实是很小的，这也就解释了为什么到目前为止被发现的化兽妄想症患者的数量非常少。

那么，当前对于化兽妄想症有什么好的治疗方法呢？说实话，确实没有，所以我们看到，很多化兽妄想症患者会被关进精神病院。现在对于化兽妄想症缺乏行之有效的治疗方法。在早些年间，化兽妄想症患者一旦被发现，很可能被认为是某种邪灵附体，抓起来给烧死了。文明时代到来以后，化兽妄想症患者常常会被请进心理医生的诊所，心理医生温和平静地跟他们进行交流，进行心理疏导。经过一番疏导，患者会说，你说的都对，我也很信服，但是我就是一匹狼，怎么地吧？这时候，心理医生只能摇摇头表示我们对这种心理疾病也无能为力，最终导致这些化兽妄想症患者放弃了治疗。

如果你看到你的朋友天天在模仿孙悟空，那并不一定是被新版西游记选角色选中了，还有可能是他真的认为自己变成一只猴子了。我们这个世界无奇不有，我们能做的就是接纳。请正视这个世界上任何的诡异现象吧，在别人眼中，你也不一定是正常的。

第二章

喜欢你的小脾气

我从来不把吸管插进别人的大杯可乐里，因为那不是我的草莓甜筒。

——题记

我的哥们儿陈鹏，觉得特别成功的人肯定脾气不好，还很偏执，自己的脾气太好了。于是渴望成功的他，决心先从个性上改变自己。

于是他跟校队那个投三分命中率最高的家伙说：“你这一生投的球全都是垃圾！”

那个家伙却跟他说：“连三分都投不进的人才是垃圾！”

而后他走进小学校长的办公室，跟他说：“你是想一辈子跟小孩打交道，还是想改变世界？”

校长告诉他：“教育，不正是改变世界的最好方式吗？”

“偏执”竟然成了褒义词——偏执狂

❶ 哥们儿你已犯众怒

王晓君作为我们学院专业第一名，每年都要获几个国家级的大奖，不仅如此，他还多次在国际高水平期刊上发表过论文。虽然受人瞩目，但王晓君的人缘却差得很。这在很多人看来并不难理解，因为这哥们儿太优秀了，大家都嫉妒他呗，不愿意跟他一块儿玩。想来好像很合理，但是作为全学院最帅的我，人缘却非常好，所以我觉得优秀并不一定是他人缘差的真正原因，那他人缘差到底是为什么呢?

我跟他住一个宿舍，深知他对编程的热爱，投入的时候可以不吃不喝不睡。当然，这种拼劲儿也着实给他带来不少荣誉，我也很佩服他。但是在他无比耀眼的成绩背后，却隐藏着一些瑕疵，有时真是让人忍不住抓狂。

一个夏日的中午，我惬意地躺在宿舍的床上，翘着二郎腿，闭着眼睛听窗外的蝉鸣，心想这真是一个宁静而美好的中午。突然，门被人砰地一声猛力推开，旋即有人急火火地冲了进来。我躺在床上不以为意地翻了个身，作为一个大学男生，如果不能在游戏喊杀声，跟女朋友打电话的么么声以及聚众打牌的吹牛逼声里睡觉的话，那么这四年你是注定没法睡午觉的。本想着今天也会如往常一般，不出两分钟我就会鼾声大作，然而剧情发展到这里却有些不对劲，一股又臭又馊的诡异味道直往我的鼻孔里钻，这什么味啊，我愤怒地坐起来，看到王晓君回来了。学霸王晓君同学，已经一个半月没洗澡了，要是换了一般人这肯定是天方夜谭，但是王晓君却能气定神闲地对着电脑，窝在卧室日写代码四万行。对他而言，一个半月不洗澡根本不算事儿。可是我不能忍啊，我每天被这种味道折磨着，已经严重睡眠不足。

我斟酌了一下，开口道："哥们儿，你是不是该去洗个澡了？"

此时，王晓君已经端坐在自己的电脑前，双手快速敲打着键盘，听到我的话，他头也不回地抛来一句："等我把这个数据库编完。"

他上星期也是这么说的，到今天还没编完！我于是继续问他："那你什么时候能编完啊？"

他说："这说不好，张教授编了半年，我觉得我至少得三个月吧。"

我有些头皮发麻，继续循循善诱道："哥们儿，洗个澡不耽误你编程吧？"

他冷笑了一声，鄙夷地说 ："你懂什么？你们这种人根本不会有完不成任务就吃不下饭睡不着觉的感受，跟你说了你也不理解。"

我突然觉得非常生气，心里面支持我跟他吵架的小孩和支持我就这么算了的小孩打了一会儿架，待他们打够了消停了，已经到了下午上课的时间，我只好快速穿上衣服，飞快地冲出宿舍，投奔外面的新鲜空气。从那以后，我特别在意空气的质量，所以我现在积极响应国家的号召，对抗雾霾。

还是那个夏天，王晓君独自在一间教室里上自习。作为一个长期不洗澡的人，一旦他选定了自习的教室，整个教室的人通常会默默地走掉，所以每到考试季，常常会出现间间教室爆满，而唯独某间教室只有他一个人的情况，这也导致我们学校的自习人口密度分布严重不均。但是他本人却乐在其中，颇有几分特别优秀的人都独来独往的感觉。尽管我们作为学生可以任他欺侮，但是保洁大妈作为学校的"城管"，才是教室真正的老大。那天晚上九点多，保洁大妈来把教室打扫了一下，跟王晓君说："同学，要关门了。"

王晓君没有理她，继续低头看自己的书。

大妈看王晓君看得这么认真，心里还挺欣慰，觉得这么刻苦学习的孩子，真是祖国未来的栋梁啊。虽然她私心里愿意给王晓君多留一点时间看书，但是学校有规定必须十点关教室门，要是违反学校的规定就会被扣工资。而且，大妈必须要打扫完卫生锁上教室门才能回家哄孙子睡觉，孙子的爸爸妈妈都去外省打工了，自己得早点回家才行。她想到这里，继续说："同学，要关门了。"

王晓君抬起头来，说："你别吵！"

大妈心里不高兴了，心想这个小伙子怎么还来劲了，于是打消了让他多看会儿书的念头，冲着他说："同学，学校要求十点关教室门，你如果想学习……"

王晓君大怒："你不就是一个打扫卫生的吗？你干嘛呀，你知不知道你耽误我学习架构会对我们的项目带来多大的损失？你这种人不会懂什么叫乐在其中，什么叫无法自拔，可悲！真可悲！"

大妈越听越觉得心里不舒坦，自己好歹也是广场舞帮派出身，背靠一群姐们儿，跳起舞来城管在旁边也不敢说什么，这哪来的毛头小子，怎么这么横？于是大妈也大怒，说："都跟你说了学校的规定了，你爱怎么样就怎么样吧。于是开始把教室的灯一盏一盏地断电，王晓君看到这种情况，淡漠地说了一句："不跟你这种没文化的农村妇女一般见识。"

大妈终于爆发了，端起擦桌子的水向王晓君泼去，王晓君一个闪躲，水没有泼到他身上，他还有些得意，说了一句："泼人都泼不到，智商是硬伤。"然后慢条斯理地整理好书本，扬长而去。

留下大妈看着他的背影，默默地擦着眼泪。

转眼间秋天到了，我们又开始了新的一学期。对于我来说，暑假刚结束，还没有回过神来，稍微有一些忧伤。对于王晓君来说，又到了学知识的好时候了。

全校通选课中国文化史的课上，刚毕业的年轻女历史老师讲到海瑞时，说：“海瑞是中国古代忠臣的典范，他为了江山社稷，冒死进谏！”

这时候，坐在角落里翻着一本计算机原理书的王晓君冷笑了一声，大家都朝他看去。

老师面露尴尬之色，但还是挤出一丝笑容，问他：“这位同学，有什么问题吗？”

王晓君说：“老师您讲得根本不对，我读过一本美国人写的书，他并不是这么评价海瑞的。”

老师温声道：“对某一个历史人物的评价不一致的现象很正常，我也是说说我自己的观点。”

王晓君撇了撇嘴，说：“但是您的观点很扯淡，我觉得他讲得更有道理，我读过的那本书是英文原版的，估计您也没看过，我来说说他是怎么讲的吧。”

老师说：“同学，你有不同意见我们可以下课交流，请不要浪费大家的时间。”

王晓君说：“您就这样误人子弟可不行。”

老师顿了十几秒说不出话来，颤声问道：“你觉得什么是对的？”

王晓君坐正身子，侃侃而谈：“海瑞这个人，是愚忠的典型，明朝就是海瑞带了头，大臣们都学他，才导致衰落。崇祯皇帝临死前还说了‘群臣误我’，说的就是海瑞这种人。”

整间教室鸦雀无声，老师沉默了好一会儿，对我们说：“同学们，你们先上着自习。”然后就走出了教室，一直到下课也没回来。

那年的冬天，某天我回到宿舍，看到王晓君正坐在我的电脑前面，不知道在干什么。因为我电脑里存着一些不希望大家看到的照片和视频，所以我看到他摆弄我的电脑，顿时非常紧张。我问他："你在干嘛呢？"

他语气坦然地说："我电脑卡机了，我用你的编个程序。"

我说："可是我的电脑上并没有编程环境啊。"

他淡定地说："没关系，我已经下载安装好了。"

我心里腾地升起一股火："那我的电脑不是也得卡得不行了？"

他说："没事，你拿电脑又不干正经事，卡一点也没关系。"

我丧失了和他继续对话的兴趣，干脆自己爬上床去睡觉了。等我睡醒了，他还在我电脑前坐着，对我说："你的电脑太旧了，该换个新的了。"过了一会儿又说："你又没什么重要的事，编程水平这么烂，用这台破电脑也足够了。"

说实话，我们学院喜欢玩编程的人不少，比如说小邱。小邱特别喜欢编程，而且常常会想出一些脑洞大开的编程方式，再加上这个妹子长得水灵，性子也很开朗，所以我们都很喜欢她。但是很奇怪，同为男生的王晓君，居然说自己最讨厌的人就是小邱。

那天我们在一起讨论课程设计，针对这个比较困难的问题，我们也没什么办法。这时候，王晓君说："其实这个并不难，只要采用简单的递归算法，然后进行循环，就能解决了。"

我们都艰难地思考他说的话，希望能理解他的这个算法。这时候，小邱说："你这个方法会产生很大的数据存储量，我觉得采用冒泡算法才比较合理，开销也小。"

王晓君不屑地说："那个根本搞不出来。"

然后他们两个开始不停地争论，最后我们也参与了进去。经过一番争论，最后得出结论：小邱这个算法确实很棒，比王晓君的那个简单，而且减少了内存。

讨论完之后，王晓君明显很不高兴，甚至是有些愤怒，他看着小邱，说：“你这种水平的人，竟然也能想出这样的办法。”

小邱听了，很不高兴，说：“你怎么说话呢？”

王晓君说：“切，你就想出一个比我简单的方法，就觉得自己编程很厉害了？我告诉你，你还差得远呢，而且你这种女生，私生活乱得很，我强忍着跟你一组，你都没有自知之明？”

说了这些，王晓君拂袖而去，留下小邱强忍着眼泪问我们：“我没觉得自己编程很好啊，我的私生活很乱吗？”

事实上，小邱是一个非常低调的女生，而且她大学四年都没怎么跟男生私下接触过。我们只好安慰她：“别听他的，他就是太敏感，看你比他强心里不高兴才乱说的。”

❷ 为什么这样子？

我们生活中经常可以见到王晓君这样的人，他们在某个领域有非常突出的才能，比如学习成绩很好，比如画画得好，比如象棋下得好，但是这些人总是对人特别不好，或者把自己其他的方面搞得特别糟，这些人常常被我们称之为偏执狂。我们小时候受陈毅吃墨水那篇课文影响太大，觉得达到一种忘我的境界显得很专业，恨不得读着读着书也拿饼蘸着墨汁吃，然后说一句“我肚子里的墨水还太少呢”。

信奉精神分析学派的心理学家在分析心理障碍的时候，喜欢从患者小时候受到的心理创伤寻找原因。我们要理解偏执狂，不妨也从他们小时候开始分析。

偏执狂小时候多长期生活在被否定的环境中，比如小时候尿床被骂，小时候算数算错被打，小时候作文写得不好被批评，小时候没带作业被罚站等等。本来在没有能力做到一些事情的时候做错了，本应该受到鼓励，却受到了批评和否定。人都是希望被肯定的，不过当自己还非常弱小时，被大人否定，自己也无能为力，如果长期生活在被否定的环境中，那么他们的内心就特别希望被肯定。当他们长大了，脱离了那个一直将他们否定的环境，终于能够生活在正常的环境中时，一方面，他们总是想通过各种方法来从内心肯定自己，比如王晓君认为自己编程很棒，因此他一直努力争取各种奖项，甚至否定老师，让自己认为自己很强大，从而确保获得别人的肯定；另一方面，当他们感觉受到否定时，会变得非常惶恐或愤怒，比如当小邱提出更好的方法时，王晓君恼羞成怒，甚至口吐恶言，对小邱进行人身攻击，目的是在内心营造一种使自己优于小邱的状态，以防止自己被否定。

而大部分偏执狂又会待在一个不太让人自信的环境中。比如王晓君通过努力超越了自己的初中同学，进入了好的高中，但他很快发现高中里的同学个个都不比自己差，于是他又通过努力超过了自己的高中同学，进入了好的大学，没成想大学里又有一批人比自己强。这就导致他总是无法得到长久的肯定。他明白周围的人不可能都比自己差，因此他通过执拗而又近乎疯狂的努力来追赶他们，用恶毒的语言贬低他们。在这样的环境里，一方面那些比他优秀的人使他精神压力巨大，他对这些人充满敌意却又无限向往；另一方面，他又非常看不起那些不如他的人，在他们面前总有一种优越感，当遇到某些方面比他差的人，他绝对不会放弃展示自己优越性的机会，比如他会跟打扫卫生的阿姨说“不跟你这种农村妇女一般见识”，会无中生有地指责小邱私生活混乱。他们把人严格地分成两类，一类是比自己强的人，另一类是比自己差的人。

偏执狂们在成长的过程中，会对自己要求得非常苛刻。因为小时候生活在一个受到否定的环境中，当他们做到一般人能做到的水平时，总是被否定，所以他们要求自己比常人更强，以期得到肯定。王晓君对自己就有近乎苦行僧一般的要求，他痴迷于编程，甚至花掉所有的时间，连洗澡的时间都不肯挤出来。因为童年时期和成长过程中受到过于长久的否定和打击，让他非常渴求卓越，而编程就是他的救命稻草，他必须要确保自己在编程方面比别人强。

偏执狂的性格来源于童年的经历和成长过程中的挫折，如果要改正或治疗这种障碍，也不得不从这些方面入手。

❸ 改变偏执，回归正常

王充在一家研究所工作，年纪虽轻，能力却很强，但他却是朋友口中的“奇葩”。他的脾气是出了名的差，常常会因为同事犯的小错误大发雷霆，而且他生性多疑，极难相处。因此，尽管王充的工作能力出众，但是大家都对他敬而远之，他在研究所常常形单影只。就连领导对他的脾气也略有耳闻，常常劝他要心大点。但是王充不以为然，仍是一门心思扑在自己的专业技术上，不为别人的话所动。

有一次，在跟合作客户谈判的时候，由于客户对技术了解并不深，所以根据自己的想法提出了非常苛刻的要求，实际上这样的要求是根本无法满足的。这件事让王充勃然大怒，并且当场痛斥客户不懂专业，搞得客户也发起火来，最终导致研究所丢了一笔大单。领导为此非常生气，勒令王充作出检讨，并向客户道歉。这件事并没有使王充认识到自己的性格有什么缺陷，他依然我行我素。

王充性格极其倔强，从来不认错，即使自己的错误已经很明显，他也从来不愿服软。有一次大家一起讨论一套设计方案的时候，有人对王充负责的部分提出了异议，王充当场发飙，并指责那个提意见的人业务水平太差。最后经过论证，发现确实是王充错了。见状，王充又采取了别人的建议进行了修改，并声称自己开始就是这么想的，只不过在撰写方案的时候出现了疏漏。这件事使王充彻底沦为同事眼中的奇葩。

王充的性格还直接影响了他的感情生活，由于总是怀疑女朋友对自己不忠，他常常无缘无故盘问一些莫名其妙的事情，导致女朋友无法忍受，离他而去。这件事情对王充的打击非常大，也使他意识到自己的性格已经使自己不能正常生活了。

经过一段时间的反思和分析，王充逐渐认识到，这种偏执的性格既伤害别人，又伤害自己，必须要尽力改正。他拜访了心理医生，心理医生为他提供了两个方面的治疗方法：

首先是对他进行心理疏通。王充通过心理疏通，搞明白了自己偏执的根源在于童年时当老师的父亲对自己的要求过于严格，导致自己一直生活在被否定的氛围里，因此渴望被肯定。一旦遇到可能导致自己被否定的情况（比如设计方案出错），他都会极力掩饰，一旦遇到可以证明自己优于别人的机会（比如同事出错），他一定会小题大做地把事情搞大，以使别人出丑。另外他经历过被抢劫、高考失利、考试作弊被抓等打击，所以极其缺乏安全感，导致生性多疑，不能信任任何人。

经过心理疏通，王充明白了自己一系列暴躁行为的根源，于是根据心理医生的建议，不停地进行心理暗示："我已经是一位非常优秀的科学工作者，大家对我都很肯定，即便有反对的声音，那也是想鼓励我做得更好。这个世界上都是爱我的人，即便我受到过伤害，那也是在磨练我的心性。"

经过一段时间的心理暗示，心理医生建议王充开始第二阶段的治疗，即交友和交往训练。在这一阶段中，王充要多与朋友交往，当每次想发脾气的时候，都要在心里数十个数，并且同时问自己三个问题："这次一定要发脾气吗？还有没有更好的方法？如果发了脾气会造成什么后果？"通常在考虑完这些问题之后，王充的脾气已经消去大半，不再伤害别人。每当他自己在心里编造那些朋友对自己不诚、爱人对自己不忠的事情时，他都会掐自己一下，告诉自己：“停！我的朋友和爱人都是好人，他们都是爱我的！”

经过一番反思和努力，王充惊奇地发现自己逐渐过上了正常人的生活，而且心也没之前那么累了。同事们都发现王充变了，不再是之前那个偏执的人。王充有了很多朋友，不再形单影只，领导也敢于把重要的任务交给他了，加上他本来就业务能力突出，他现在的工作也越来越出色。

正常人之所以变成一个偏执的奇葩，无非是心理出了一点小问题。我们只要敢面对，不回避，其实是可以被治愈的。很多时候被人说成性格古怪，听着好像不是在骂你，但你不知道别人有多讨厌你。

❹ 偏执是个贬义词

乔布斯的成功，让偏执狂成了一个褒义词，甚至大家认为世界属于偏执狂！但是如果你有一个偏执狂朋友，你就会知道这种言论是多么大言不惭了。

追求卓越是没错的，但是其他方面也不能搞得太糟啊。金庸先生笔下经常出现东邪、西毒这样的人，像他们这样的人，武功高强，独来独往，走遍大江南北，人人闻风丧胆，而且性格孤傲，见到谁都横得不得了，这在我们这些普通人看来，简直就是酷毙了。

陈景润的故事不知道鼓舞了多少人，但是好多人把这个励志故事理解偏了。

本来陈景润这位伟大的数学家使我们明白，只要通过自己的勤奋努力，即便是起点差一点，没有接受过正规教育，一样也能取得令世人瞩目的成就。但是好多人看到的是，陈景润先生为了学数学，自己周围的事情完全不在意，整天穿得脏兮兮的，房间里也常年一股异味。于是，大家就把这种自理能力差理解为陈景润成功的原因，认为“伟大的科学家自理能力应该挺差”。这种理解看上去挺可笑，但是这个世界上这样的例子又太多：李敖让我们觉得有才华就不用对人太友善；乔布斯让我们觉得你能做大事，那小事上人品差一点就差一点吧；牛顿让我们觉得，你只要够聪明，哪怕你花一辈子去专门搞臭别人也没人会介意；尼采直接告诉我们天才都是疯子。这在很大程度上给我们造成了误解，让我们觉得，能特别成功的人，都不是什么正常人。

这样的认识可坑了好多人，导致我们的生活中奇葩丛生。校园里常常有一些成绩好的，唱歌好的，或者篮球打得好的人，非常难相处，说话做事完全不顾及别人，跟书上描述的那些伟人、名人一般做派。但是奇怪的是，大家眼中的他们，跟伟人、名人绝对不是一个感觉。刘文典跟躲炸弹的沈从文说：“你跑什么跑，我如果被炸死了没人讲《庄子》了，你跑什么？”你看到这里，会觉得这哥们儿太损了，不过他说的似乎也很有道理啊。但是如果你看到年级成绩第一的那个家伙跟别人说：“把你的派克笔给我吧，你拿着也没用，又考不了年级第一。”你八成会觉得，这哥们儿脑子有病吧？

奇葩们之所以成为奇葩，主要是因为他们的一些认识偏差，奇葩们认为情商低，人品差，或者生活不能自理是那些名人的标志，但是他们没有认识到一点：名人之所以成为名人，不是因为他们的这些缺陷，而是因为他们那些受人瞩目的成就。另外一方面，名人们自己也不想有这样的缺陷，如果再给他们一次机会，他们更愿意在取得伟大成就的同时，其他方面也不输给普通人。你觉得那些牛人一幅孤傲的样子很酷，但是私底下说不定他们苦恼着呢，可能他们绞尽脑汁地在思考怎么才能好好地跟人交往，或者他们天天对着镜子练习友善的微笑，只是他们不告诉你而已。

同样的一些缺点，在爱迪生身上我们会觉得很有意思，原来这个发明家还是个古怪的人，但是如果放在你宿舍对门那个小伙子身上，你会觉得这个人真是有毛病。大家对于名人和身边的人的看法不一样，主要是出于两个方面的原因。一方面，名人取得了世人难以取得的成就，当他们有一些瑕疵的时候，大家会觉得很正常，因为他们的成就太耀眼，在这种光辉下，大家觉得名人有一些瑕疵也很可爱；但是对于生活在我们身边的人，他们取得的成就还不足以代表他们本身，比如我们大学时期唱歌最好的那个人不懂人情世故，见谁得罪谁，那么我们提起他来的时候会觉得他是个情商低的人，好像唱歌还不错。另一方面，名人的缺陷其实也不一定那么严重，有可能是后人在写传记的时候为了使他们看上去传奇一些，故意夸大了那些行为，他们本身可能也并没有那么令人无法忍受，但是奇葩们看了之后，觉得名人这些行为确实旷古绝今，于是决心向他们学习，导致自己身上的缺陷比名人大好多倍。所以，有时候也不能太相信文学作品。

如果我们真的从小受过心理创伤，导致形成了偏执型人格障碍，影响了我们和周围的人，那么请不要放弃治疗；如果我们童年过得很好，但是相信世界属于偏执狂的说法，所以想做个与世界格格不入的人，那么还是做个正常人吧，不然在世界属于你之前，你已经淹死在大家的唾沫星子里了。

高冷的魔鬼心态——躁郁症

❶

不知道从什么时候开始，我们的三观里驻扎了这么一个奇怪的观念：好像在一个领域里能够做到极致的人，心理总是多多少少有点问题，上帝貌似有意让这个世界保持一种平衡，当你有了超凡的能力，你的心理将会出现很大的问题。比如一幅画能卖几千万英镑的梵高，不开心了能割自己的耳朵；获诺贝尔文学奖的川端康成居然高冷到不打算去诺贝尔委员会领奖，最后竟自己结束了自己的生命；让斯嘉丽变得家喻户晓的费雯丽，也有难以相处的名声。虽然到了今天，我们脑海里记得的只是他们辉煌的成就和不朽的作品，但是跟他们生活在一个时代的人肯定苦不堪言。这些了不起的牛人们，有着种种让他们身边的人难以接受的行为。虽然关于他们的评价只有溢美之词流传到了今天，但是不难想象，作为普通人的他们，并没有过得很愉快。

躁郁症在艺术家的圈子里似乎非常普遍。当然了，今天我们很少能看到患有躁郁症的艺术家。原因是很复杂的，一方面在于，不少艺术家并没有达到登峰造极的高度，艺术只是他们谋生的一种手段，而不是毕生的追求；另一方面，当前由于经纪人对艺术家的各种包装，我们已经很难看到一个艺术家的真实的样子，曝光在镁光灯下的艺术家大多是经过包装的，我们看到的只是他们最光鲜的一面，就算他们真的患有躁郁症，我们也不太可能知道。所以，我们今天能看到的艺术家们，很少有跟躁郁症扯上关系的。强大的狗仔队曾曝光过著名歌手陈奕迅患有躁郁症，也是亦真亦假，难以判断。在当今这个时代，在这个大家都带着面具生活的世界上，很难说清楚一件事的真假虚实，但是那些已经离开我们的艺术家们，却并不在意我们去了解他们的内心世界。

贝多芬是我们都非常熟悉的天才音乐家，在我们心中对于搞音乐的都会有一个模糊的侧写：他们应该是温文尔雅，从容不迫，让人看到就非常舒服的人。贝多芬的画像让人觉得还蛮帅的，坚毅的眼神，利落的发型，这些让我们觉得这位天才在艺术创作之余，一定也能搞定自己的生活，但是我告诉你，实际上并不是这样。

贝多芬起初学音乐时是充满兴趣的，但是在进行了一定量的音乐创作之后，就进入了瓶颈期。他对自己创作的音乐非常不满意，刚开始时，他对待这种状态的方式只是借酒消愁，但是随着时间的流逝，酒精使他的情绪越来越不稳定，后来发展到脾气阴晴不定，动不动就会发火的地步。

贝多芬在跟朋友相处时，有时候会出现这样的场景：起初大家谈得都很开心，但是当谈到某个话题时，贝多芬突然陷入了沉默，但是随即他便开始发飙，指责别人的观点过于迂腐，想法过于陈旧，他并没有像他弹钢琴时那样优雅从容，他只是一味地表现出自己的愤怒，但是大家不知道他到底为什么愤怒，也不知道到底是哪一句话点燃了他的怒火。他的思维跳跃程度非常大，能够由一件事联系到另外一件毫不相干的事。

而另一件奇怪的事情就是，贝多芬在躁郁症发作期间，创作出了很多不朽的名曲。在他没有犯病的时候，并没有显得特别高产。

海明威也是一位深受躁郁症困扰的天才。他能写出《老人与海》这样的经典之作，可能与他一直跟内心的恶魔进行抗争有关。海明威患有家族遗传的躁郁症，他在没有发病时，是一位非常和蔼、文质彬彬的作家，但是当他发病时，就变成另一个模样。他可能一瞬间突然发狂，歇斯底里地大喊大叫，下一刻又安静下来，开始哭泣控诉。海明威变得时而狂躁，时而抑郁。这种大起大落的异常情绪也使他痛苦不堪，但是他时常会显示出自己坚强的一面，尽管躁郁症来自家族的遗传，但是他并没有放弃抗争。可惜最终他并没有战胜躁郁症，他将自己交付给了子弹。

不过像贝多芬一样，躁郁症也使得海明威具有超越常人的灵感。躁郁症带给他极其跳跃的思维与天马行空的想象力，当这些表现在生活中的时候，会显得极其不和谐，但是当它们被文学大师用高超的艺术手法记录下来时，就显得非常震撼了。

尽管躁郁症使海明威显得更有才华，但是最终他还是不堪忍受躁郁症的折磨，用一颗子弹结束了自己辉煌而又痛苦的一生。当我们缅怀这位文坛巨匠的时候，谁能真正体会他内心深处的痛苦呢?

高更是法国著名的画家，也是一位非常优秀的雕塑家，他曾经与梵高在法国一起住过近百天。高更也是一位天才画家，他的作品对后世产生了深远的影响，他与梵高、塞尚被称为法国印象派的“三大巨匠”。

高更也患有很严重的躁郁症，他的症状表现为情绪波动大，时而震怒，时而压抑，在不发病的时候甚至还会为自己刚刚的行为道歉。而与他住在一起的梵高，也同样患有躁郁症，并且两人的创作理念有着不小的差异，这就导致他们俩常常会爆发争吵，甚至动手。有一次高更与梵高争吵后，梵高愤怒地割下了自己的耳朵。后来梵高还将自己割下耳朵后的样子创作成了一幅自画像。尽管最后高更为此事向梵高道歉，但这还是使得梵高的狂躁和抑郁都加剧了。最终，梵高选择了自杀。

高更自己也因为躁郁症而痛苦不堪，但是他无法控制自己的情绪起伏。高更的躁郁症使他成为了既让人喜欢，又让人讨厌，粗鲁与优雅并存的矛盾体。他急于寻找能够表现自己和证明自己的方式，但又无法驱散内心深处对自己的不信任和贬低。这使他心中非常矛盾，他将这些表现在自己的艺术创作中，无论是画作还是雕塑，都透着一种非常强烈的冲突与矛盾。独特的人生经历和心理状态使得高更的作品透着一种深刻的反思，从而艺术高度得到了极大的提升。

❷

大家可能注意到这一篇我没有用到幽默的表达方式，因为我觉得这是一个非常严肃的问题，而且调侃天才的弱点是一件非常不礼貌的事情。一些研究表明，很多天才尽管患有这样那样的精神疾病，但是可能就是这样的精神病才将他们造就为天才。很多时候，只靠努力是很难变成天才的，天才还需要临门一脚。很多心理学家认为，躁郁症带来的灵感和热情，就是把普通人变成天才的“临门一脚”。

躁郁症又叫狂躁抑郁症，这种病结合了狂躁症和抑郁症的症状，在心理学被称为“双向障碍”，躁郁症患者根据其症状不同，可能会出现抑郁发作，狂躁发作以及抑郁狂躁交替发作。患者常常会时而情绪低落，时而情绪狂躁，时而温和，时而暴躁，就像是不同的人一样。

躁郁症患者的抑郁发作时就像一个患有抑郁症的病人。这种抑郁倾向将导致其情绪低落，难以打起精神，精力不足。主要有这么几种表现：

持续的空虚和无聊，但又不能静下心来做一件事情。抑郁倾向导致躁郁症患者长时间地感到空虚和无聊，为了驱赶这一糟糕的体验，他们会主动地找一些看似有意义的事情做，但是由于注意力难以集中，他们往往不能持续地将这些事情做下去，这也进一步加剧了他们的空虚感。

躁郁症患者珊珊是一位大学本科在读生，她认为自己在课余时间也不应该虚度光阴，应该多读书，所以她常常会带着一些专业课书籍到自习教室去看。但令她苦恼的是，她集中注意力的时间非常短暂，她甚至无法耐着性子读完一个章节，这使她十分苦恼。

《美国恐怖故事》中的男青年丹迪，本来出生于富裕家庭，衣食无忧，但是由于家族的原因，他自己无法实现当一个话剧演员的梦想。丹迪因此内心苦闷，久而久之便患上了躁郁症。他在发病时相当可怕，在没有发病时，看上去跟正常人没有差别，可是他内心极度苦闷和难过，而且倍感空虚与无聊。

躁郁症患者在抑郁的时候会对自己的一些爱好产生厌倦。抑郁倾向导致躁郁症患者无法产生兴奋的情绪，即便是自己之前非常喜欢做的事情或者运动，他们也会觉得索然无味。比如一个喜欢踢球的人，在抑郁时会站在球场旁边看着一群人踢球，然后心里想他们真是无聊；一个热爱画画的人，会丢掉自己的画板，只希望能够平静下来。

躁郁症患者小方是一位围棋高手，他本人也非常喜欢围棋。但是他有时却觉得围棋好没意思——在一个方格棋盘里采用各种手法取胜，听上去好没劲。但是做什么才有劲呢？他也说不上来，甚至他根本就不知道。有时候他会坐在棋盘前面，盯着棋盘，然后摇摇头，心里想围棋真是没有意思，居然还有这么多人迷恋着围棋，真是太傻了。但是在抑郁不发作时，他却非常痴迷地研究棋法，认为这是一件非常有趣的事情。小方对自己的这种状态感到非常惊讶和害怕，有时候会觉得自己都不认识自己了。

躁郁症患者常常会出现注意力下降、精神不集中、不能做决定的情况。躁郁症患者在抑郁状态下，难以专注地思考和行动，他们的注意力很难长久地持续。他们常常会对自己产生极大的不信任，常常患得患失，不敢做决定。抑郁使他们难以产生自信，会一直回忆自己从前做过的错误决定，从而无法产生自信。

作为企业的领导，刘经理从前一直是一个自信果断的人，他管理着一个庞大的企业，每天都有很多事情需要他做决策。但是最近他却越来越不能相信自己，他发现自己居然在做决策方面产生了困难。他开会时会莫名地产生烦躁情绪，自己在办公室的时候总是感觉无所适从，他总是担心自己的错误决定会毁了公司，但是他又不得不做决定，所以他总是会推拖到最后一刻。

而躁郁症患者在狂躁发作时却又是另外一个样子。抑郁倾向使他们内心挣扎，但是外表上却很难看出来，而狂躁期间的躁郁症患者却非常疯狂与焦躁，令人生畏。

躁郁症患者在狂躁发作时，往往会表现出亢奋的状况。他们常常参与非常多的活动，而且完全不觉得累。他们参与这些活动时并没有任何目的，例如锻炼身体或者获取乐趣等，都不是他们的目的，他们做这些纯粹是自己想做，完全出于内心的渴望。比如在校的大学生会在三更半夜持续地打五六个小时的篮球，或者弹一整天钢琴，他们并不知道自己为什么会这样，但是就是无法停下来。

这或许就是患有躁郁症的艺术家们之所以高产的原因吧。他们的疾病让他们能够保持高度的亢奋。长时间持续地保持对一件事的热情，使他们能够完全沉浸在自己的艺术世界里，从而创造出天才的作品。天才作家爱伦坡，在躁郁症发作时，对于悬疑小说的创作拥有常人难以企及的热情，能够长时间沉溺其中不能自拔，这使他能够创作出优秀的作品。

躁郁症患者狂躁发作时，还会表现出高涨的情绪和热情。这一症状或许是躁郁症造就了那么多杰出人物的另一个原因。当躁郁症患者狂躁发作时，他们常常会对一件事情充满热情，精力充沛，而且极具感染力。在当今社会，这些特质不都是成功者所必备的特征吗？所以我们常说天才和疯子就只是一步之间，我们甚至从表象上难以区分两者，如果不是心理医生拿着诊断书告诉我们上面演讲的哥们儿是个神经病，我们或许会认为有一位演讲大师出现了。

其实单一的抑郁，或者单一的狂躁，对于患者来说都不是什么大事，而且医生对于这两种病态心理已经有了相当多的经验。抑郁可能就是让这些天才们心里难受，狂躁可能让他们身体吃点苦，这些都可以交给心理医生去解决，但是我们不愿意看到的就是抑郁与狂躁混合发作的情形。因为这并不是一种简单的一加一等于二的叠加，两种症状加在一块，可能达到一加一等于一百的效果，而这对于那些天才们来说，其实是一种灾难。

躁郁症患者抑郁与狂躁混合发作时，将会出现持续的情绪低落、哭泣、狂躁和亢奋，甚至会出现暴力倾向。躁郁症患者的混合发作是非常恐怖的，当压抑和焦躁在他们心中积累得过多，导致他们无处发泄时，狂躁行为就出现了。而一旦狂躁行为出现，就会表现出非常难以控制的状况。哭泣是人表达自己内心痛苦与不安的最常见的方式，所以躁郁症患者常会通过哭泣进行发泄。而当哭泣不足以快速缓解心中苦闷的时候，躁郁症患者就会表现得极其狂躁。

比如我们非常熟悉的著名画家梵高，他在大多数时候是带有抑郁倾向的，但是一旦他的狂躁倾向爆发，那么便是非常可怕的。当梵高的狂躁倾向爆发时，他会持续哭泣和焦躁，而且坐立不安。当旁人想要令他安静下来的时候，却发现凭借一两个人的力量根本做不到。梵高焦躁时会破坏家中的一切东西，而且会出现自虐的行为，比如我们都知道的，他会割掉自己的耳朵，甚至会拿枪对着自己扣动扳机。

再次请出《美国恐怖故事》中的丹迪。毫无疑问，他具有极高的表演热情，他渴望成为一名成功的话剧演员，尽管在他生活的那个时代，话剧演员并不是一个受人尊敬的职业。他的家族地位不允许他成为一个地位卑微的话剧演员，他就偷偷地在家里与变态杀人小丑表演话剧。每当他的梦想受到阻碍，他就会表现得非常狂躁，抑郁与狂躁的混合发作，使他做了很多错事，杀了很多人，甚至不惜重金买下畸形秀剧场，为的只是给自己一个可以表演话剧的舞台。当他真正站上话剧舞台时，他感到无与伦比的兴奋，他卖力地排练，丝毫不知疲惫，只希望能够得到观众的认可。当他终于站上自己心爱的舞台进行表演时，他却被泼了冷水——剧场里的人都不欣赏他的表演，甚至对他大加嘲讽和侮辱。在这种梦想破灭与被人侮辱的双重打击之下，他的病情再次发作，他拿起自己金色的手枪，杀死了剧场中的所有人。

3

躁郁症这种诡异的心理疾病，到目前为止心理学家还没找到真正的发病原因，但是可以确定的是，这种病跟遗传有关，大多数来自家族遗传。很典型的例子就是海明威家族，他们家族很多人都患有不同程度的抑郁症、狂躁症或者躁郁症。

尽管来自遗传，但是在很多人身上，单一的遗传因素并不足以引发躁郁症。大多数患者还是由于遗传因素与环境因素相互作用才导致了躁郁症的发生。其实通过很多案例我们可以看到，躁郁症患者大多数是生活在一些比较极端的环境中的。如果让普通人活在他们那种环境中，就算不得躁郁症，心理肯定也得出问题。而对于已经具有躁郁症遗传基因的隐型患者来说，外界糟糕的环境足够使他们癫狂。假如你看了这一节，开始担心你钢琴弹得那么好，会不会有躁郁症基因啊，那么我可以明确地告诉你，有也没事，只要你保护好自己，别被虐待就行了。

就像梵高，其实他长期生活在不如意的环境中，而且他喜欢将自己封闭，他经历过一些人际交往的挫折，也就很少再与人交往了。在这种压抑和闭锁的环境下，梵高的躁郁症就被引发了。另一方面，梵高可能本身就有躁郁症的倾向，这导致他将自己封闭起来，从而更加增加了发病概率。这就是遗传与环境因素相互间作用的结果。

如果躁郁症来自遗传与环境的相互作用，那么就会出现本身带有躁郁症的基因，但是经过后天环境因素的改善，可以使他们不患有这种病或者症状减轻。海明威的后人曾经受“海明威诅咒”的困扰，遗传基因使他们具有抑郁倾向。但是海明威的孙女、外孙等人都逃过了躁郁症的困扰，这或许跟他们的生活环境的改善有关，以及自己刻意地与躁郁症抗争有关。

对于躁郁症的治疗，也是当前医学界的一个热门话题。实际上从刚才的分析中我们不难看到，改善患者的生活环境，不要让他们长期生活在容易引发躁郁症的环境中，是一个非常重要的措施。其实对于各种心理疾病，这都是一种很必要的方式。但是很多时候，仅仅做到这一点是不够的。除了改善环境之外，躁郁症还需要药物治疗与心理治疗相互结合。

其实药物治疗躁郁症，对于心理医生来说是一种挑战。因为躁郁症是一种双向心理障碍，具有两种心理疾病的症状，而且这两种心理疾病的发病症状还是相反的，这就使得治疗相当麻烦。

首先，对于躁郁症要能够准确地进行诊断。如果仅根据不全面的症状将躁郁症诊断为抑郁症，长期使用抗抑郁的药物，将会使患者的狂躁倾向加剧；如果将躁郁症诊断为狂躁症，长期使用抗狂躁的药物，将会使患者的抑郁倾向加剧。

美国德州的患者大卫，就曾经被医生将躁郁症误诊为抑郁症而大量服用抗抑郁药物，但是后来发现，这种药物使其兴奋度增加，反而增加了狂躁情绪，使他的躁郁症病情更加严重。后来心理医生认识到了这一误诊，及时转变了治疗方案，才使得大卫的躁郁症得到了控制。

而全面、准确地诊断出躁郁症之后，就应该根据患者的症状，合理给出诊断方案。目前常采用碳酸锂等药物，根据患者的具体发病情况，合理使用。躁郁症这种跟遗传有关的病，一般应该遵循长期治疗的原则。通过长期的药物治疗抑制病情，虽然可能无法使患者痊愈，但是至少应该能够长期控制病情，使患者处于精神稳定的状态。跟遗传有关的病，一般都不太好对付，可能需要基因层面的技术才能治愈。现在依靠药物对抗躁郁症的心态，就像咱们中国队跟巴西队踢球，我们不求赢你们，但是我们准备尽力跟你们踢个平局。

每个人都想当天才，但是很多天才除了忍受过辛苦，付出过努力之外，还遭受着内心的折磨。他们难以控制的情绪，折磨着自己也影响着他人。我们无比艳羡的那些人，在他们的朋友和家人眼中，或许只是个没长大的孩子。

克制！什么是克制？——边缘型人格

1

艾米莉毕业后如愿进入一家大银行上班，匀称的身段、姣好的面容，令这个年轻的女孩刚入职就受到了大家的关注。大家都很愿意跟她做朋友，觉得跟这样一个漂亮、有魅力的年轻女孩相处，肯定是一件非常开心的事情。不久，艾米莉在公司找到了一位各方面条件都很出色的男朋友。一切看上去都很顺利，艾米莉的好运气使得大家羡慕不已。

然而，一段时间之后，大家渐渐改变了对艾米莉的看法。大家觉得艾米莉非常奇怪，或者说，她的性格跟周围的人有点不一样。最初大家并没有放在心上，但是时间久了，大家发现艾米莉的内心并不像她的外表那样让人想要亲近。后来，又发生了几件事，让大家对艾米莉的看法发生了一百八十度的大转弯。

艾米莉来到银行结算部不久，她在一次财务报表的制作中犯了一个小错误，导致整个报表需要重做。她感到非常愧疚，所以加班加点地完成了任务。后来艾米莉又在一次财务出纳的过程中出现了小错误，她也尽全力弥补，使银行并没有蒙受很大的损失。但是最近的一个月，艾米莉出错的频率越来越高，甚至到了令主管麦克无法忍受的地步。麦克把她叫来谈话，鉴于她还是一个新员工，麦克并没有对她发脾气，只是问了一下最近她是不是有什么事情影响到了工作。

艾米莉对麦克说："麦克，我觉得我不适合在结算部工作，从这一阶段我的工作情况来看，我的能力和兴趣，都不适合结算部。"

麦可说："可是你的专业跟结算部对口，而且没有人天生就适合某种工作，他们也都是后天学习加练习才取得了成就。"

艾米莉说："不，我很了解我自己，而且我也很确定我不适合这种工作。"

麦克笑了笑，说："艾米莉，如果你做不好这份工作，那你其他的工作肯定也做不好，你先好好地把这份工作做好。不要因为一两件小事，就对自己下结论。"

艾米莉还想说什么，但是麦克打断了她，让她回去继续做自己的工作。回到工位后，艾米莉十分沮丧，她对周围的人说："麦克是一个不负责任的主管，他任由我做不适合我的工作，我根本没法提起兴趣来。我好讨厌结算部的工作。"

后来，艾米莉一直消极怠工，但是奇怪的是，当月的最佳新人奖却颁发给了她。麦克在颁奖仪式上对大家说："艾米莉非常努力地工作，表现也非常出色，整个银行都对她的工作非常满意，大家都很感谢她为银行做出的贡献。"

当拿到奖品的时候，艾米莉非常开心，她又到处跟同事说："麦克果然是一位独具慧眼的主管，他把我安排在了最适合我的位置，使我能够发挥自己的才能，我真的非常喜欢我现在的工作。"在说这话的时候，艾米莉全然不记得，昨天吃晚饭的时候，她还在抱怨麦克给她安排了她不喜欢的工作。

大家对艾米莉这样的表现感到很诧异，都觉得有点看不懂她了。

随着艾米莉在银行待的时间越来越久，大家发现她其实是一个喜怒无常的人。好像一点很小的事情就能将她引燃，本来在别人看来微不足道的事情，总能成为她大发雷霆的原因。

艾米莉拿到那个最佳新人奖的第二天中午，在员工餐厅里，大家都在吃饭的时候，艾米莉突然站起来，对她的男朋友吉米大喊大叫，痛斥对方不关心自己，还将叉子摔在了吉米身上，而吉米则一脸尴尬地把叉子从地上捡起来，放回餐桌上，拉着艾米莉走到餐厅外。

当天下午快要下班的时候，艾米莉突然歇斯底里地撕掉了一些文件，而且嘴上还骂骂咧咧地说麦克居然连这种事情都要交给自己做。大家都非常震惊，不知道艾米莉怎么了，但是看到她在发火，也没人敢去问。

后来通过麦克，大家才知道，原来那天艾米莉身体不舒服，吃饭的时候艾米莉正在向吉米抱怨，而正在这时有人给吉米打来电话，吉米接了电话，艾米莉就认为吉米不关心自己，自己身体不舒服，他居然还有心思接电话。吉米那天非常尴尬，把艾米莉拖到餐厅外面，不停地向她道歉，艾米莉才消气了。但是没过两个小时，艾米莉打电话给吉米，为自己中午的行为道歉，说自己太鲁莽了，请吉米原谅自己。其实这种事情并不是第一次了，艾米莉常常会因为一些匪夷所思的小事大发雷霆，吉米有时候甚至不知道自己错在哪里了，就被艾米莉大骂一顿。

而那天下午麦克正好有些事情，他把一些文件交给艾米莉去做。艾米莉本来答应得好好的，但是做到一半发现这项工作非常繁琐，于是她控制不住自己的情绪，把手里的文件撕掉了。但是十分钟之后，她意识到了自己这样做是不对的，于是当天晚上加班到很晚，重新做好了文件，第二天和颜悦色地交给了麦克。

通过这两件事情，大家觉得更加看不懂艾米莉了。一个外表看上去那么清纯可人的年轻女孩，内心居然有这么强的爆发力。而吉米则郁闷地说，其实这只是冰山一角，艾米莉似乎在控制自己的情绪方面存在困难，她总是因为小事而发火，而事后还会为自己刚才的行为道歉或者想办法弥补。但是在发火的瞬间，她却是一个完全不讲道理的人。

另一方面，艾米莉在银行的人际关系也变得扑朔迷离。艾米莉刚来银行的时候，和她关系最好的是她在结算部的同事莉莉，可是后来，因为有一次莉莉下班没等艾米莉，艾米莉从此就不理莉莉了。后来艾米莉因为投资部的卡尔教她学会了使用传真机，她认为卡尔是一个非常好的人，于是又跟卡尔成了好朋友，但是由于卡尔有一天实在太忙，拒绝了她帮忙拿快递的请求，她从此也对卡尔敬而远之。而后，麦克将最佳新人奖颁给了艾米莉，艾米莉就觉得麦克是一个非常关心自己的人，从此对麦克唯命是从，麦克安排的事情总是立刻就做，从不拖沓，但是后来艾米莉因为跟麦克打招呼麦克没看到而不再理麦克。

这样的事情还有很多，艾米莉的好朋友名单可以列一长串。大家发现艾米莉的人际关系非常不稳定，身边的好朋友总是换来换去的，让人目不暇接，大家只好认为，漂亮女孩都很难理解。

后来有一次，大家跟艾米莉的男朋友吉米一起喝酒，吉米喝醉了，向大家吐露了自己内心的苦闷，原来艾米莉还是个非常没有安全感的人。吉米每天见到艾米莉，都会面临着一大堆的盘问。艾米莉总是怀疑吉米出轨了，总是认为他跟别的女生有一腿。吉米社交网络里的女孩，全都被艾米莉删掉了，导致吉米花了很久才向朋友们解释清楚。有时候艾米莉给吉米打电话，如果吉米没在第一时间接，那么艾米莉一定要让吉米说清楚他当时在干嘛，这其实没什么，关键是，即使吉米解释了自己去做什么了，艾米莉还是不信，她总是要跟吉米大闹一场才肯罢休。

听完吉米的话，大家对艾米莉的认识又更近了一步。原来世界上还有这样的人，大家越来越觉得，艾米莉其实是个蛮难相处的人。

2

艾米莉的故事有没有让你想到你身边的一些人？你可能会说，我身边确实有一些人挺难相处，但是他们可能只具有艾米莉的一部分特征，并不具备艾米莉的全部特征。我能理解你的意思，其实艾米莉具有的是集中了好几种人格特征于一身的人格，这种情形心理学家称之为边缘型人格。在边缘型人格患者身上，每一种人格障碍的特征都具备一点，但是并不那么严重。他们跟具有反社会人格的精神病人相比，暴力情节并没有那么严重；他们跟表演型人格障碍患者相比，又没有那么爱表现。边缘型人格患者具有很多种畸形人格的特点，就像一个大拼盘，把各种人格取了一点拼在了一起。

正是由于边缘型人格具备很多人格障碍的特点，才使它成了心理学领域研究难度最大的心理障碍之一。边缘型人格总是表现出多变的特征，病人有着各种各样怪异的表现，但是目前研究发现，总的来说，边缘型人格主要具有这样几种表现：

难以获得确定的自我认知。边缘型人格患者的自我认知程度非常低，他们不能正确地了解自己，而且对自己的认知总是在不停地变化。尽管我们正常人对自己的认知也未必就是对的，但是正常人的自我认知有一个特点，那就是我们会长久地认为我们是一种人，不会轻易地改变。就像乔布斯，从小到大都觉得自己能改变世界，我也从小到大都觉得自己非常帅，一直没改变过。而边缘型人格会因为一些小事改变自我认知。像艾米莉，会因为自己犯了几个小错误就认为自己不适合当前的工作，又因为获了最佳新人奖而认为自己其实擅长这个工作，这就是一种多变的自我认知。

美国底特律的马克拥有边缘型人格，他对于自己并没有准确的认知。他在成功修好自己家的电器之后，便认为自己拥有机械方面的天赋，但是参加机械工程师的培训并没有顺利通过。后来他又因为投资股票小赚一笔，便决心当股票经纪人，最终也未能如愿。他总是通过一些小事来给自己贴标签，无法全面认知自己。后来他求助于心理医生，通过引导，尽管有所改善，但仍然不能对自己有一个确切的认识。

难以控制自己的情绪。边缘型人格患者很重要的特征就是难以控制自己的情绪。边缘型人格患者会因为很小的事情大发雷霆，而且因为一些微不足道的小事伤心落泪。旁人很难理解他们这种小题大做，所以常常会因为他们的这种突然变化而不知所措。而边缘型人格与那些脾气不好的人也不同，有人可能会因别人的错误而大发雷霆，而边缘型人格患者常常会因为自己的错误向别人发脾气。他们常常坚守着错误的观念强行与人争论，这导致他们常常成为旁人很讨厌的人。

很多时候，这种情绪并不表现为发脾气，有时候空虚、焦躁也使他们心中痛苦。尽管很多时候他们会把这种感受憋在心里，然而一旦爆发，将会使朋友们胆战心惊。

大学生楠楠拥有边缘型人格，她也有着难相处的名声。她在与朋友相处时，脾气常常会被一些小事点燃，一发不可收拾。她曾经在一次朋友聚餐的场合上，由于别人说她胖当场掀翻了桌子，摔门而去，也曾经因为老师不认可她所做的项目而与老师吵起架来。她发脾气时并不会在乎谁对谁错，即便是她自己的错误，她也会对别人发脾气。朋友们跟她相处的时候会感觉很累，说话总是小心翼翼，担心一句话触怒她。久而久之，她身边也没有什么朋友。

极高的不安全感。边缘型人格使得患者具有极高的不安全感，他们很少会相信别人，而且会将事情往悲观的方面想。他们希望自己能够对身边的朋友、事物了如指掌，但这是不可能的，他们喜欢打探别人的隐私以增强自己的安全感。艾米莉的行为就是这样，她总认为男朋友出轨，但是又找不到证据；她希望对男朋友的行为了如指掌，像没有接她的电话这种小事，她也一定要弄清楚原因。这样就使她的男朋友感觉非常不自在，非常受拘束。

琳琳就是一个边缘型人格的典型体现，她常常害怕室友会伤害自己，因此总是想方设法去了解室友的事情，甚至常常打探别人的隐私。她会在室友不在宿舍的时候翻她们的衣柜，希望对她们能有更加深入的了解。她也会偷偷跟踪室友，偷看她们的约会，以了解她们的感情状况。琳琳非常没有安全感，她总是通过一些蛛丝马迹分析并得出室友可能会伤害自己的结论，这不仅使她自己的情绪非常崩溃，也影响了她与室友之间的关系。

极不稳定的人际关系。这也是边缘型人格患者常常交不到朋友的原因。边缘型人格会使患者变得非常神经质，他们会因为很小的事情而认为朋友在冷落自己或者即将抛弃自己。这样敏感多疑的个性使他们在与朋友相处的过程中十分被动，往往会招致朋友们的反感。比如艾米莉会因为一些小事与人成为好朋友，又因为一些小事与人变得疏远，这种不长久的友谊，会导致她身边的人跟她渐行渐远。

在旁人眼中，威廉就是一个非常神经质的人，朋友与他往往难以相处得很长久。他会因为室友去吃饭没等他而不再理睬对方，也会因考试时同学不借他卷子抄而感到对方疏远他。实际上，很多时候都是朋友的无心之举，但是在他这里会被放大。这样导致他的朋友们觉得与他相处非常累，因此纷纷疏远他。

边缘型人格通常表现为上述四种症状的结合，或者掺杂其他的症状，比如反社会人格与表演型人格的特征。但是有的患者并不会很明显地把几种症状都表现出来，根据边缘型人格表现出的症状的偏向不同，又常常会出现不同的边缘型人格症状。

如果患者表现出极度的不安全感，或者常常对事物抱以悲观的情绪，那么这就是一种**悲观型的边缘型人格**。悲观型的边缘型人格患者会对旁人非常依赖，但却不能完全相信自己所依赖的人，这种矛盾导致他们非常痛苦，总是渴望安全感，但是总找不到安全感。这种类型的边缘型人格与被迫害妄想症很像，但是基本上不太会做出过当防卫的举动。

如果患者表现出了难以遏制的冲动，那么他就拥有**冲动型的边缘型人格**。这些人常常不能控制自己的欲望和情绪，做事直截了当，追求虚荣浮夸。他们会故意夸大一些事情以博得眼球和喝彩，这些人有时候会显得很有吸引力，但是泡沫破灭后，往往不被接受。

如果患者拥有自虐倾向，那么他就拥有**自我毁灭型的边缘型人格**。这种表现并不常见。边缘型人格虽然会导致患者内心躁动，但是真正的暴力倾向却并不多见。自我毁灭型的边缘型人格通过对自己进行残害以抒发内心的苦闷，让人看了非常揪心。

边缘型人格是一种比较常见的心理障碍，统计表明，女性的发病率远高于男性。这也很好理解，毕竟男性的安全感会比女性强一点，自我克制能力也比较好，而且男性也没有女性那么爱琢磨。

3

边缘型人格在人群中的潜伏率非常高，不过这也没什么好担心的。对于边缘型人格，我这里有一个好消息告诉你，也有一个坏消息告诉你。好消息是边缘型人格患者的破坏性并不强，如果你刚好有一个边缘型人格的朋友，也许他的言行举止会搞得你很不爽，但是至少你不用担心哪天他一不高兴动手伤害你；坏消息是，对于边缘型人格的发病原因，尽管已经经过了长时间的研究，但是到目前为止还没有非常明确的结论。

当前对于边缘型人格病因的解释，主流的观点认为是来自家族遗传与生活环境的相互作用。

比如说你们家族给你的基因就是非常脆弱的，遇到个什么事都hold不住，容易精神崩溃，或者常常因为一件小事纠结得睡不着，这虽然让你活得挺累，但是并不足以引起你的心理疾病。

可是谁曾想到，你出生在一个并不美满的家庭中，你的父亲在你小时候就酗酒，还整天打你骂你，你虽然想反抗，但是一方面那是你的父亲，怎么虐待你你都得忍着，另一方面你还太弱小，根本没有能力反抗。但是你的人格不管这一套，它悄悄地创造出了一种暴力的人格倾向。

而你的母亲喜欢跟朋友打麻将，经常夜不归宿，剩下你孤零零一个人待在家里。你非常害怕，希望能有人来陪你度过可怕的黑夜，可是谁能来陪你呢？于是你望着窗外的月光，却不知道你已经悄悄地具备了没有安全感的依赖型人格倾向。

然而你的朋友又都不是一帮靠谱的人，他们曾经欺骗你，欺侮你，这导致你对于朋友的信任感极度缺失。你难过地看着他们对你做的一切，这时候，你的心中已经下定决心，将来不再信任任何人。

就这样，各种各样的人格倾向纠缠在一起，一旦爆发，你会拥有很多人格的特点，但是又并没有那么严重。

其实很多心理疾病或者心理障碍都是由这个原因引起的，但是究竟来自哪一种基因的病变，或者环境如何造就了这种人格，对此心理学家还没有给出非常全面的解释。

由于边缘型人格集合了多重人格障碍的典型特征，但是每一种人格障碍的特征又没有那么严重，所以很难具体指出到底是哪一部分的病变才导致了这种情况的发生。心理学家只能告诉我们边缘型人格患者小时候过得并不好，或许长期遭受家庭暴力，或许在压力极大的环境中长大。

而对于边缘型人格的治疗，常常采取多种方式相结合的方案。首先，要给患者一个轻松愉快的环境，利用相应的药物进行治疗，再利用心理治疗进行辅助。因为对发病原因并没有很透彻的理解，所以只能通过这种方式遏制病情，并不能根治病症。

如果你发现你的朋友喜怒无常，缺乏安全感，自我认知又非常地不准确，那么不要尝试去帮他、改变他，更不要尝试与他争论什么。你就忍着吧，除了你无法忍受他的无理取闹或者他无法忍受你对他不关心而导致分道扬镳之外，对你来说，估计没有更好的结局了。

爱是种近乎幻想的真理

难道这不是我要的天堂景象，沉沦假象，你只会感到更加沮丧。

——by一位我非常喜欢的歌手

2015年6月9日，我的哥们儿万万跟他深爱的姑娘分开了，他觉得自己可能永远也忘不了这一天。是的，他很难过，他一生也忘不了这一天。很多年后，他仍然记得6月9日对他来说是个特殊的日子，只是他忘了到底这一天发生过什么。

刻画着永恒的天堂——爱丽丝梦游仙境症

1

七岁的伊娃是一个极具绘画天赋的小女孩，小小年纪创作出来的作品就已经得到大学教授的称赞。伊娃非常喜欢画画，经常坐在那里一画就是一整天。她的父母也表示，既然女儿喜欢画画，那他们一定会尽全力培养她，希望她将来能够成为一位绘画大师，不辜负大家对她的期望。

伊娃小小年纪便能在绘画方面有这般造诣，除了天赋过人之外，还跟她的努力分不开。别看她只有七岁，却拥有着与她年龄不相称的毅力和观察能力。她想要画某个物体时，往往会花很长时间去观察，把整个物体的各种细节都观察清楚，甚至有时候会进行"头脑风暴"，联想这个物体的前世与今生。她会面对一个很平常的东西展开无限的想象，把原本平凡无奇的物体代入到奇幻瑰丽的故事之中。当她观察好之后，她会拿起笔，坐在画板前一气呵成。这种绘画方式使她画出来的画与别人很不一样，用那种比较装腔的艺术家的话就是"有灵魂"。

不过最近伊娃却遇到了一件麻烦的事，连她自己也不知道到底怎么了，她的眼睛总是会看到变形的物体。

有一天，她在观察自己家花瓶里的玫瑰花时，突然看到玫瑰花变得很小，花瓶和放花瓶的桌子也变得很小，只有自己的指甲那么大。她非常惊讶，难道有人在变魔术给她看吗？她四处张望了一下，没看到任何人。但是当她再次把视线移到花瓶上时，花瓶和花又都恢复了原来的大小。伊娃坐在那里想了想，觉得一定是自己太累了，所以才会出现幻觉。以后要多放松放松，想到这里，她抱着自己的芭比娃娃，跑到客厅玩去了。

第二天早上，伊娃慵懒地睁开眼睛，她昨天晚上做了个梦，梦里看到了好美的景色，她决定起床之后的第一件事就是将这些景色画下来。当她睁开眼睛，不禁吓了一跳。她看到天花板跟自己近在咫尺，几乎已经掉到自己的鼻子尖上了。而放在自己枕头边上的芭比娃娃，却离自己非常远，她觉得这一定是爸爸妈妈在用高科技跟她开玩笑，她使劲闭了一下眼睛，再次睁开眼，看到一切都恢复了原样。伊娃很高兴，自己没有被爸爸妈妈的玩笑吓到。（这个小姑娘也不容易，小小年年纪就有唯物主义的觉悟，如果是我，我一定以为是妖怪在作祟啊。）

下午，伊娃跟妈妈逛街时，突然看到一条比自己还大的狗朝这边跑来，吓得她赶紧躲到了妈妈的身后。妈妈笑着看了她一眼，用脚朝着狗做了一个驱赶的姿势，狗就吓跑了。伊娃从妈妈身后探出头来，惊讶地看到那条狗原来只是一条很小的哈巴狗，可是刚才自己为什么觉得它那么大呢？一定是自己最近太累了，总是出现幻觉，看来应该好好休息了。

人们总是低估自己的承受能力，每当有什么头疼脑热，幻听幻视的，总觉得是因为自己太累了。但其实你的身体棒着呢，你的这些问题可能是出自其他的原因。伊娃就是这样，她干脆放任自己好几天没有动画笔，但是她的症状并没有减轻，反而越来越严重。

这不，突然有一天，伊娃头疼难忍，妈妈吓坏了，带着她去看了医生，医生诊断为偏头疼。伊娃见到穿白大褂的医生，突然想起了自己这几天的奇怪遭遇，好像见到了救星，把自己最近遇到的怪事全都告诉了医生。医生说：“小姑娘，你之所以出现那些幻觉，不是因为你太累了，而是因为你得了爱丽丝梦游仙境症。”

汉克是一名足球运动员，这天他训练结束后，独自开车回家。明天就要比赛了，今天教练却还是安排了高强度的训练。不过汉克今天训练时特地注意尽量不让自己受伤，好在明天的比赛中发挥出好的水平。作为一个无比热爱足球运动的人，汉克非常期待自己明天的表现。

汉克一边想着心事一边开着车，突然，他发现马路上的车都变得像CD盒那么大，慢慢地从自己的车旁边开过去，与之相对，自己的车简直就是个庞然大物。周围的一切事物，仿佛瞬息之间都变小了。汉克使劲地闭上眼睛，慢慢地睁开，发现一切都恢复了正常。“一定是自己的精神压力太大了”，汉克想，“尽管明天的比赛很重要，但是不能给自己太大的压力，自己都出现幻觉了，这说不定还会影响自己的发挥。”

汉克回到自己家时，刚一打开门，突然发现正对着自己的那面墙跟自己离得好远。“不对啊，我的房子没有这么大吧。”惊疑不定的汉克揉了揉眼，再看时发现墙与自己的距离已经恢复正常了。汉克不知道自己今天怎么了，总是出现幻觉，也许是训练太累，或者是自己的精神压力太大了，但是不管怎么样，都不能影响到明天的比赛，今天必须全身心放松，好好休息。汉克想着这些，沉沉地睡过去了。

第二天，汉克早早地来到了球场，他需要半个小时的时间做适应性训练。当他拿到球的时候，突然发现自己跟观众席的距离非常近，他记得自己明明在球场中心的。他使劲地揉了一下眼睛，发现自己确实在球场中央，自己跟观众席的距离还有好远。汉克心里非常惊讶，也感到了莫名的恐惧，要知道，丧失距离感，对于一个运动员来说无疑是一场灾难。不过汉克并不将其放在心上，因为他知道自己是一个一旦投入到足球中，就会忘掉一切的人，到时候还在乎什么幻觉啊。

比赛开始了，上半场汉克表现得非常好，作为后卫的他紧紧地盯防着对方的进攻人员，对方几乎没有什么机会。汉克的努力拼抢和出色盯防，帮主队保持住了优势。中场休息时，教练对汉克的表现非常满意，要汉克继续保持状态，坚持到下半场结束。

汉克下半场依然毫不松懈地盯防着对方的进攻队员，这使对方叫苦不迭，无法把握射门良机。在离比赛结束还有十分钟的时候，对方进攻队员拿到球，向禁区突破，汉克看到他迅速向自己跑过来，于是做好了抢断的准备。当对方队员跑到自己面前时，汉克一个出脚想要断球，不小心自己却摔倒了。观众们都大为惊讶，因为在他们看来，汉克在对方距自己至少还有五米的地方就出脚了，而且还踢了个空，摔倒在地。汉克也不知道怎么了，他明明看见对方已经出现在自己眼前了，他站起来准备追赶对方的进攻队员，突然发现，球场上的一切，包括所有人都变得很小，都只有手指那么大，而汉克本人，却像巨人一样大。汉克使劲揉了揉自己的眼睛，发现一切事物的大小都恢复了正常，只是对方进攻队员已经将球送进了自己家大门。

比赛结束之后，教练对汉克在场上的诡异表现非常不解，甚至认为他收了对方球队的钱，在踢黑球。汉克连忙向他们解释，说不是这样，他将自己在场上看到的一切讲给教练和队友听，大家都嗤之以鼻，纷纷指责汉克收了钱还拿骗小孩的把戏唬弄队友。而此时，原本坐在一旁的队医突然站了起来，对大家说：“我相信汉克说的，他没有骗大家，他这是得了爱丽丝梦游仙境症。”

❷

如果我问你有没有上述两个人的经历，你会对我说，不就是幻觉吗？蹲个十分钟再站起来的时候，就会出现时空扭曲的幻觉。不，不是这种幻觉，这种幻觉下你不会觉得周围的事物大小和距离发生了变化。

你还会说，那这样不行的话，磕了药会产生幻觉，跟你说的这个一样了吧？不，也不是嗑药的幻觉，嗑药产生的幻觉你并不知道这是幻觉，你还以为是真的呢。

我想说的是，有些人，眼前的事物会发生形状和距离的变化，每当看到这些，他们心里会不停地提醒自己这是幻觉，但幻觉就是不停地产生。这就是爱丽丝梦游仙境症患者。

爱丽丝梦游仙境症，这个名字是不是非常地文艺，非常地招人喜欢？虽然名字很好听，但是症状却很可怕，属于人类历史上非常罕见的怪病。爱丽丝梦游仙境症最早是由C·W·李普曼提出的，这哥们儿发现了这种怪病的发病症状跟《爱丽丝梦游仙境》中演的场景一样。如果你没看过《爱丽丝梦游仙境》，那也没关系，我给你讲讲你就知道了。《爱丽丝梦游仙境》讲的是小女孩爱丽丝通过兔子洞掉到了一个魔幻世界，在里面她突然懂了各种动物的语言，能去到自然界的各个地方，更重要的是，她的身体变得很小，而身边的小兔子、小老鼠都看上去很大。我想李普曼肯定要感谢《爱丽丝梦游仙境》的作者查尔斯·路德维希·道奇森（笔名路易斯·卡罗尔），就是因为他写了这么一本小说，这种怪病才有了这么文艺的名字，不然的话，八成还是得以李普曼的名字命名，叫“李普曼综合征”什么的，别人一听，还以为这是李普曼他们家族传下来的怪病呢。

爱丽丝梦游仙境症的发病概率非常低，在人群中十分罕见，大部分人一辈子都没见过一个患有爱丽丝梦游仙境症的病人。爱丽丝梦游仙境症也是当前人类发现的最为罕见的怪病之一，而说它是怪病，怪主要体现在症状上，我们先来了解一下爱丽丝梦游仙境症的诡异症状吧。

首先，爱丽丝梦游仙境症的患者会在短时间内感觉到物体变小或变大，甚至还会看到扭曲的空间。就像伊娃，她会在一瞬间觉得花瓶变得好小，哈巴狗变得好大，而汉克也会觉得周围的车变得像CD盒那么小。但是这种幻觉并不会持续很长时间，当他们使劲闭上眼睛，再睁开的时候，一切都恢复了正常。有时候爱丽丝梦游仙境症患者会看到平直的线条被扭曲，或者本来该是平面的地方被弯曲。

另外，爱丽丝梦游仙境症的患者会觉得物体与自己的距离忽远忽近，他们会在一个瞬间感觉物体离自己很远，但是会立刻恢复正常。尽管持续的时间很短，但是他们确信幻觉是存在的。就像伊娃看到天花板掉到了自己鼻尖上，但马上又回到了原位；汉克发现离自己五米以外的对方进攻队员瞬间跑到了自己的眼前，当他摔倒站起来之后，又马上恢复了距离感。

总的来说，“爱丽丝梦游仙境症的患者在一瞬间不能正确感知物体的尺寸与距离”，翻译成我们都能听懂的话，就是“爱丽丝梦游仙境症的患者看东西忽大忽小，忽远忽近”。

有报道称，德国著名艺术家凯绥·珂勒惠支就是爱丽丝梦游仙境症患者。不过艺术家就是不一样，擅长将现实生活融入到艺术中，凯绥·珂勒惠支本来是自然主义艺术家，后来她将爱丽丝梦游仙境症的独特视角带入自己的艺术作品中，由此变成了表现主义艺术家，这种不被病魔所害反而使病魔为我所用的能力，真是令人钦佩。

有不少爱丽丝梦游仙境症的患者还会患有其他并发症，也就是说，爱丽丝梦游仙境症可能还会是其他病症的先兆。比如伊娃，在爱丽丝梦游仙境症症状出现的几天之后，患上了偏头痛。其实这也不难理解，因为爱丽丝梦游仙境症的发病原因来自脑部的损坏，而脑部损坏是比较容易引起一些其他疾病的，除了偏头痛，癫痫也是爱丽丝梦游仙境症患者常常会得的病。

马克是一个小学生，在不久前患上了爱丽丝梦游仙境症，但他并没有向父母或者老师坦露这一病情，他一方面觉得看到幻觉可能是每个小朋友成长的必经阶段，另一方面，他也并不认为老师或者父母能帮多大的忙。后来马克在一次体育课上突然出现癫痫症状，在医生诊断的过程中，他才慢慢透露了自己的病情。医生认为，如果在早期出现爱丽丝梦游仙境症的时候就及时就医，或许能够阻止后面并发症的发生。

另外，爱丽丝梦游仙境症的患者常会看到幻觉，但是跟其他的心理障碍患者不同，他们非常清楚自己看到的是幻觉。患者大多数是非常理性的，尽管在他们眼中物体的形状和距离发生了很大的变化，但是他们并不相信自己看到的这些东西。很多患者甚至会选择自动屏蔽掉这些幻觉，而有些患者则会努力使幻觉消失。伊娃和汉克就会通过自己的方式，使幻觉消失。想来这种病也够折磨人的，你连自己看到的东西都不能信，这是多么让人苦恼的事情啊！

十岁的达利是爱丽丝梦游仙境症的患者。他会向母亲描述他所看到的幻觉，但是在描述之后，他会告诉母亲他知道这一切都是假的，可能是魔鬼带给他的幻觉，因为他“知道这些物体本来的样子”。估计爱丽丝梦游仙境症应该也很郁闷，自己搞出来的幻觉，连小孩都不信，跟那些能把成年人都逼疯的心理疾病相比，简直就是弱爆了。

就目前发现的案例而言，爱丽丝梦游仙境症绝大多数发生在儿童身上，但是成年人的案例也有。有时候小朋友们说老鼠跟卡车一样大，或许父母还在因为这个小家伙的想象力丰富而引以为豪，爱丽丝梦游仙境症很有可能就被这么忽略了。不知道是不是一种巧合，《爱丽丝梦游仙境》本来就是拍给小朋友看的，而由它命名的心理疾病的患者也大多数是小朋友。这样也好，未经世事的小朋友面对这些幻觉时，可能会比成年人更加淡定。

爱丽丝梦游仙境症是世界上最罕见的怪病之一，也引起了很多心理学家

和医生的兴趣。但是遗憾的是，迄今为止，虽然对这一疾病的研究仍然很热门，但是专家们并没有给出一个统一并且让人信服的结论，来告诉我们人类为什么会得这种病。

一种解释是，爱丽丝梦游仙境症是由枕骨脑叶的病变引起的，枕骨脑叶控制着人类对信息进行感知和处理，而枕骨脑叶发生病变，人类视觉就会出现问题。科学家们将爱丽丝梦游仙境症的病因归结于大脑一个部分的病变，但对于更具体的位置，怎么病变的，还没有给出更详细的解释。我们只好拭目以待，希望新的科学成果能够解答我们的困惑。

另外一种解释称，爱丽丝梦游仙境症与一种可引起传染性的单核细胞增多症的病毒脑炎有关，也就是说，爱丽丝梦游仙境症是一种脑炎的并发症。其实我们目前对于大脑的了解真的很少，所以对一些疾病束手无策。

尽管爱丽丝梦游仙境症的病因尚未完全搞清楚，但是目前却有比较行之有效的方法可以治疗。治疗方案主要是依据上面给出的两种解释，一方面，医生会首先检查病人是否出现脑部损伤，因为一般爱丽丝梦游仙境症跟癫痫和偏头痛等脑部疾病之间存在联系，如果能够将癫痫或者偏头痛治愈，那么爱丽丝梦游仙境症就会得到控制；另一方面，医生会对患者进行病毒脑炎感染测试，一旦确诊，那么就采取合适的方案，治疗病毒脑炎，从而遏制爱丽丝梦游仙境症。伊娃的治疗方案就是首先确诊了偏头疼，进而采取相应的方案进行治疗。

如果你碰到小朋友跟你说“叔叔你怎么这么小啊”，不要以为这是童心未泯的表现，也别觉得他是在夸你年轻而沾沾自喜，你应该快点送他去医院，他可能在下一分钟发生癫痫。

我们早就习惯了怪异行为——强迫症

1

黄龙作为一名白领，每天都面临着繁忙的工作，来自工作和人际交往上的压力让他备感疲惫。但是这些并不是最令他闹心的事情，最令他闹心的就是每天他都会坚持到很晚才睡觉。尽管每天下班的时候，黄龙都会提醒自己，今天一定要好好休息，养足精神，但是每次一回到家，他就忘了这些。他会自然而然地打开电脑，无休止地逛论坛，刷网页。每次到晚上十点，也就是他为自己规定该睡觉的时间，他会告诉自己再玩十分钟就睡，然后同样的状态会持续到十一点、十二点。对此他也觉得很奇怪，自己每天晚上回家的时候明明很困，可是一旦打开电脑，就会越来越兴奋，到了自己规定的睡觉时间，好像总是有一股力量抗拒着，不让自己睡觉。所以每天他都会熬到下半夜才入睡，而且睡觉的时候还是很兴奋，总是感觉睡得不塌实，他有时候躺在床上要很久才能睡着，第二天还要早起，周而复始，使他非常疲倦。

如果仅仅是晚睡，那还好说，黄龙最近发现自己又养成了另外一个坏习惯——重复检查。黄龙每天睡觉之前都会去检查防盗门是否关好，这本来很正常，但是不正常的是，他必须要检查好几遍。他总是觉得如果门关不好，就会有小偷闯入。他有时候已经睡下，但是还是要再去检查一遍。即便是他知道门已经锁好了，但是如果不去检查，他总觉得心里不舒服，这样导致他每天晚上睡觉前都会去重复检查房门三五遍，有时候已经很困了，还是强迫自己起来检查，这就更加影响了他的睡眠质量。他每天被自己的这些习惯搞得筋疲力尽，但是又别无他法，一旦自己不去重复，心里那股难受劲儿真的会让人寝食难安。

同样有这个困扰的，还有黄龙的同事周跃。他们俩平时在一个办公室，但是互相之间并不了解。估计如果举办个交流会什么的，大家互相描述一下自己生活中的困扰，那么他俩一定会抱头痛哭，相见恨晚。周跃有时候感觉自己真是个神经病，他走路的时候会无意识地给自己数着步数，他自己心中很清楚这么做有些无聊，而且还影响自己的正常生活，虽然很想停下来，但是他根本没办法控制自己。一旦走起路来，大脑里就会有一个声音，一直在数着“1，2，3……”。他都快被自己给整疯了，但是他根本找不到停下来的办法。

另外，周跃发现自己还有一个坏习惯，那就是关门一定要有声音。有时候他轻轻地关上门，没有弄出声音，那么当他走进门之后，心里就会感到非常难受，会觉得少做了什么事情。遇到这种情况，他通常会返回去，打开门再重新关上，这一次他一定会非常使劲，关门的时候会发出很大的声音，这种声音使他释怀。周跃知道这样其实很无聊，但是他没法控制自己，有时候他故意关门不弄出声音，但是心里特别难受，好像有一种强大的力量驱使着他，让他回去再关一遍门。而且他还总觉得如果关门的时候没有关出声音来，就会出现一些自己不想看到的事情，比如小偷会闯入自己家偷东西，门会锁上再也打不开，不过一旦关门有声音，这些事情就不会出现。周跃知道这样的想法很滑稽，他也知道关门有没有声音跟这些事情的发生与否毫无关联，但是他为了寻求心安，还是会不断重复这些在其他人看来很诡异的事情。

同一间办公室，袁夏的工位离黄龙和周跃的很近，只要一转身，袁夏就能看到他们俩。袁夏或许不知道，这两个看上去很正常的同事实际上深受怪异行为的困扰。其实，袁夏私下里也觉得自己不正常。袁夏特别中意数字3，每做什么事情都要跟3扯上关系，比如他咳嗽的时候会尽量让自己咳嗽3声，选工位的时候会选在第3排，买东西会买3份，请假条都会写3行。他希望自己生活中出现的所有数字都是3或者3的倍数，其他的数字则会使他心慌。有一次袁夏参加足球比赛，没有挑到3号，穿着4号队服的他觉得自己一定会受伤，比赛这天肯定是他倒霉的一天，于是他干脆放弃了出场的机会。

袁夏还有一个困扰着他的习惯——每天晚上睡觉前一定要把自己的鞋摆得非常整齐，他内心认为，如果睡觉前没有把鞋摆整齐，就会出现不好的事情，比如工作失误，路上丢东西，遭遇火灾等，而如果自己每天睡觉前把鞋摆得整整齐齐的，这些灾难就会自动地远离自己。他知道这些想法很无聊，也知道摆不摆鞋跟灾难是没有关系的，但是每当他没有把鞋摆整齐就上床睡觉时，他就会辗转反侧，总是想象着各种厄运会因为自己的一时疏忽降临到自己身上。每当这时，他就会妥协，起身把鞋摆好再睡觉。这件事让他痛苦不堪，但是他不知道如何解决，又不敢告诉身边的朋友，只能自己默默忍受。

在距他们不远的办公室里，刘阿姨也深受自己的一些不良习惯困扰。刘阿姨平时倒是挺正常的，但是当她跟丈夫在一起的时候，就会出现一种非常诡异的心态，她一定要走在丈夫的左边。不论是俩人逛街、吃饭，还是在家里看电视，她都一定要在丈夫的左边，如果有时候不小心坐在了丈夫的右边，她就会手足无措，浑身不自在，甚至内心深处还隐隐觉得会有不好的事情即将发生在自己身上。所以每次当她在丈夫的右边时，她总是会想办法赶紧回到丈夫的左边。其实刘阿姨也清楚即使站在丈夫的右边也不会出现什么不好的事情，她感觉自己非常神经质，甚至痛恨这个习惯，但却没办法改正。

另外一件困扰刘阿姨的事情就是，刘阿姨会不受控制地想到一些特别恐怖和血腥的场景。当她过马路时，她常常会想到自己被车撞倒，血肉模糊的场景；当她打开窗户时，她就会想到自己摔下去，支离破碎的样子。尽管她知道这一切都是凭空臆造的，但是她无法控制自己不去想这些事情。后来，为了消除这些恐惧，她建立了一种类似“补偿机制”的东西。比如，她认为如果自己在过马路时咳嗽一声，那么自己就不会被车撞到；如果自己在开窗户时摸三下窗棂，那么就不会掉下去。尽管这样的做法从一定程度上抑制了她的恐惧，但是当她过马路忘了咳嗽，或者开窗忘了摸窗棂时，她就会感到异常恐惧。有时她走到马路中间时，想到自己还没有咳嗽，会再回到刚才过马路前的位置，咳嗽一声，然后继续过马路；当她没有摸窗棂时，她会关上窗户，摸一下窗棂，再重新打开。

当你看到上面这些人的怪异行为时，有没有似曾相识的感觉？别说你没有，那样的话可能会透露出你不善社交的一面。其实，上面这些人都患有一种非常普遍的精神疾病——强迫症。强迫症可是一种大名鼎鼎的“明星”精神病，不但症状多得数不清，而且患者遍布世界各地。更牛的是，尽管是种精神疾病，但是病人仍然可以在大街上大摇大摆、昂首阔步地溜达，没人敢抓他们。你看看，这种精神病你听说过几个？

其实我们每个人都或多或少有一点强迫倾向。有时候我们爱琢磨人，爱钻牛角尖，爱怀疑，穷思竭虑，这些都是强迫倾向。你记不记得曾经女神说过一句话被你解读了好几天来分析她是喜欢你还是讨厌你，或者从领导办公室出来努力回想刚才自己做得怎么样，甚至根据自己女朋友给别人朋友圈里的回复怀疑她对自己不忠？如果你说你从没这样过，那么没关系，你有了女朋友之后就会了。其实我们每一个人都爱胡思乱想，只是强迫症患者特别在意。

刚才说了，强迫症的症状多得数不清，所以你可能会觉得描述强迫症的症状会是一件非常麻烦的事，但是还好，人类拥有分类的好习惯，多到一眼望去都看不全的东西，简单地用几大类就能概括了。幸好心理学家将强迫症的症状分成两大类，这才使我们描述起来简单、轻松。

强迫症的症状，主要分为两类，即强迫思维和强迫行为。强迫思维就是那些你总也停不下来的想法，强迫行为就是那些你无法停止的行为。强迫症患者很清楚这些想法和行为是没有意义的，而且还会影响自己的正常生活，但是就是停不下来，有什么办法？

强迫思维，就是总是无法控制地去想一些没有意义的事情。强迫思维有两种，一种是对于一个问题钻牛角尖，想得过细，刨根问底，这听上去好像是一种做学问的正确态度，但是当你真正变成这样时，你会苦不堪言。比如你会非常想知道为什么有白天黑夜，得知这是公转、自转的结果后，你又想知道为什么会有公转、自转，得知这是引力作用后，你又想知道为什么会有引力。你一门心思想探究牛顿都没整明白的东西，这样通常连一个物理学教授都会被你整疯，更何况一个普通人？

另外一种是指强迫症患者总是莫名其妙地想一些自己不愿意想的事情。这话听上去似乎很荒谬，你不愿意想就别想呗，何苦自己难为自己？但是很多事情就是越不让你想你就越想，记得怎么让一个人想大象吗？那就是告诉他别想大象。所以，你越不愿意想的事，就越会去想。强迫思维是一个死胡同，比如你会一直想一件事的最糟糕的结果，你没检查有没有锁门，那么肯定就没锁门，导致失窃；你没检查有没有断电，那么肯定没断电，导致电路损坏。这些出现概率极小的事，在强迫症患者看来都是很有可能发生的。强迫症患者往往会提醒自己，这些都是不可能出现的，但是心里的另外一个声音会说："万一出现了呢？"强迫症患者知道自己的想法是十分荒谬的，但是他们却无法让自己停止想象，也不能让自己忽略这些想法，这使他们不停地被强迫思维折磨。

吕小龙就有极其严重的强迫思维，他总是对一些事情考虑得过于细微。他会一整个上午什么事都不做，分析朋友对自己说的话到底折射出他们什么样的心态，到底是讨厌自己还是喜欢自己，有时候别人不经意说的一句话，他都会理解为别人对自己的某种态度转变。另外，作为一个理工科学生，吕小龙对科学原理的追求达到了令人发指的程度。他会思考物体之间为什么会有引力，为什么会有质量这种问题，把自己整得跟牛顿似的。

娜娜也有很严重的强迫思维，她总是无法控制自己的想法和思维，这使她苦不堪言。她知道自己的想法很荒谬，但是总也无法控制。有时候她看到飞驰的汽车，就会想到自己被车撞到的样子；她看到加油站，就会想到加油站爆炸的场景；每当她在球场看球，总是会想到有一个变态杀手拿出机枪对着人群扫射；她在游乐场看到过山车时，脑中就会浮现出过山车突然从高空掉落的景象……这一系列画面使她根本无法正常地生活，每次都要将那些血腥和恐怖的想象从脑海中尽力驱除。她知道她想的事情不可能发生，但是这些画面总让她心悸不已。

强迫思维还好，也就是在内心折磨折磨自己，如果够淡定，还是可以正常生活的。但是强迫行为却会严重影响正常生活，**强迫行为，简单地说，就是因为强迫症患者会有那些血腥、恐怖的强迫思维，为了使这些强迫思维不出现所做的补偿性或者仪式性的行为。**哦对不起，对不起，我说人话，先来举个例子。

小梅是一个很严重的强迫症患者，她每次开煤气，都担心会发生煤气泄漏，但她觉得如果自己开煤气的时候用左手开，就不会出现煤气泄漏。尽管她知道用左手开还是右手开跟煤气泄漏没有半毛钱的关系，但是她觉得这样更安心一点。她在阳台上浇花时，总是害怕花盆会落下去，砸到下面的路人，但是她觉得每次浇花时，摸一下花盆就可以保证花盆不掉下去，所以每次浇花她都先去摸一下花盆。另外，每次当她走在楼下时，都担心楼上会落下花盆砸到自己，但是她觉得自己先咳嗽三声再走到楼下，就不会有花盆砸到自己。

强迫行为就是强迫症患者为了使自己脑海中的血腥场面不发生，而做出的仪式性行为。这很像祈祷，人们认为祈祷之后就能躲避灾祸，而强迫症患者认为自己可以通过这些强迫行为躲避祸患。

还有一点要特别说明，你看了上面的描述，可能会认为强迫症患者是不是思维出了问题，其实他们的思维非常清晰，他们甚至知道自己的想法是错误的，只是他们不能从行为上规避这些想法。这就像我们明知道可能作弊更管用一点，但是在考试之前还是会求各路神仙保佑我们通过。

很多强迫症患者都对强迫症深恶痛绝，想来也对，这么一种怪病，又不像躁郁症，如果真得上了，虽然行为诡异一点，但是还可以以天才自居，自豪地说一句：“老子这么有才，得个躁郁症怎么了？”而得了强迫症，行为诡异，但这病又不能让人显得高冷，太亏了！所以当患者们意识到自己得了这种病之后，总是想办法赶紧摆脱，太受罪了。而强迫症又是一种很普遍的心理疾病，患者众多，这种情况下就使强迫症的研究非常有市场。目前，对于强迫症的研究非常多。对于强迫症的病因也是众说纷纭，不过每一种都挺有道理，也都为我们揭开了强迫症的神秘面纱。

强迫症的生理原因在于，神经递质失衡。这里又要普及生物知识了，我们人类的大脑就是一个司令部，控制着我们的各种心理和生理行为，而神经递质就像通信兵，负责把命令传递给执行部门。如果大脑想让你干点什么事，就会以电信号的形式发出命令，神经递质就将这个命令传递给身体相应的部分，你就会执行大脑的这一命令。比如大脑想让你紧张，那就发出紧张的命令，神经递质传给身体相应部位，然后你就体温上升，发抖，冒虚汗。如果大脑想让你害怕，那么就发个害怕的命令，神经递质传递给全身，你就瞳孔放大，肾上腺激素狂分泌，心跳加速。

而神经递质失衡，就是传递命令的这个信使喝醉了，整不明白命令该送给谁了，但是上面交代了又不能不送，索性就胡乱一送好交差。比如，大脑本来让你好好地睡觉，但是通信兵把命令传递给了肾上腺和心脏，这就立马导致你害怕、恐惧。强迫症患者经常把自己搞得诚惶诚恐，疲惫不堪，这是一个很重要的诱因。

强迫症发作也与环境因素有关。很多人患上强迫症都是因为身处紧张、令人难以适应的环境之中。研究表明，当前强迫症患者越来越低龄化，主要原因就是学业压力越来越大。你想啊，小学生们本来放学了该打打CS，踢踢球什么的，但是看到别人都学数学奥赛去了，自己怎么办？学吧，不想去；不学吧，但人家都去了。到底要不要都学啊，如果我不学，别人超过我怎么办啊？先别说那些了，就明天的考试，我万一退步了怎么办啊？嗯，如果今天晚上不打CS，我就不会退步！但还想玩，怎么办？算了，摸两下书，明天就不会退步了。看，强迫症就这样产生了。

强迫症还与个人的个性有关。很多人在极大的压力之下仍然没有得强迫症；有的人个性里就有焦虑、谨小慎微、追求完美的因素，这样就很容易患上强迫症；有的人平时就爱琢磨，想太多，再把他们放在紧张的环境中，那就更禁不住他们琢磨、猜忌了，强迫症就这么患上了。所以在这里我要强调，做人要大气，是有道理的。你不大气不仅影响你的社交，影响你找女朋友，还会增加你患心理疾病的概率。所以有些事得过且过吧，别那么多小算盘啦。

还有一种假说，认为强迫症是一种祈祷仪式的遗传积累。我们的祖先看天吃饭，有时候辛辛苦苦种了一年的地，结果被一场冰雹就给毁了，所以他们会祈祷，会献祭，通过一种仪式向老天传递一种请求，求老天保佑自己丰收。他们相信这种仪式会使老天对自己格外开恩，使自己的生活更好一点。尽管这种仪式的用处可能不大，但是我们的祖先会一直保持这种仪式，以使自己能够心安。这种心态一直传到现在，经过了变异，成了强迫症。就像黄龙（详见本节的第一部分）这种必须要通过无意义的检查来确保安全的方式，从心理动机上来说，不是跟原始人的献祭一样的吗？

针对强迫症，已经有很多的治疗方法。不过大部分心理医生还是会采用药物治疗与心理治疗相结合的方法。

药物治疗主要是用药物对神经递质进行调节，把原本紊乱的神经递质传递系统调整得有序一些，使大脑的命令能够在身体中准确地得到贯彻。也就是让那些传递大脑命令的通信兵们都醒醒酒，正儿八经地工作，让你送到哪就送到哪。目前对于强迫症的药物治疗还是非常有效的，但是强迫症不易根治，容易复发，所以大部分强迫症患者想要摆脱其干扰，都需要长期进行治疗。

心理疏导主要是心理医生采用一些技巧，教会病人接受和无视心中那些想法。目前比较流行的森田疗法，就是一种很有效的心理疏导法。森田疗法让强迫症患者顺其自然，脑子里出现那些恐怖的画面，不管它们就是了，该干什么干什么，时间久了你不在意，那些恐怖的画面和想象就不会再出现了。克服强迫症还有很多小技巧，总之归纳为一点，就是“别想太多”。

强迫症并不算什么疑难杂症，到现在为止已经有不少成功治愈的案例了，大多数人都有轻微的强迫症，只是我们并不当回事罢了。如果它没有影响到生活，那么无视掉也不失为一个好办法，可能无非就是睡觉前摆摆鞋，东西用完了放回原处，这又没逼得你活不了，何必给自己贴一个精神病人的标签呢？

王大爷就是一个典型的强迫症患者，他身上有许多强迫症症状。比如他走过胡同口的时候必须要用手摸一摸墙，不然心里难受；他每天晚上睡觉之前一定要检查检查大门关没关好，不然睡得不塌实；他每天早上必须听七点的新闻，而且连新闻开始前的配乐也要听全，不论这一天的新闻多么无聊，他都要听完了再关电视。还有他每次喝水都要喝三口，每次门口有车经过他都要追出去看看车牌号。他知道自己的这些行为很怪异，也猜到自己可能有毛病，但是这并没有影响到他的生活，他也就没去治。一直到现在，王大爷生活得快快乐乐的，强迫症也没让他哪里不痛快了。

我的中学同学小宁也是一个强迫症患者，他最明显的症状是，写完自己的名字后必须要再描一遍。这个习惯他从小就有，对于他来说只有把自己的名字再描一遍，自己心里才会舒服，不然总感觉哪里不对。后来他发现这个习惯真的带给他一些好处，比如说他从来都不担心自己考试的时候会忘了写名字，每次老师说“某某同学这次考试没写名字，给判了个零分”的时候，他从来都不害怕，因为他非常确定自己写了名字，不光写了，还描了一遍呢。

你或许已经注意到你的朋友有一些非常怪异的行为，要么你就接受，要么你就无视吧。其实他们内心是非常挣扎的，人家已经很痛苦了，别再抛去看怪物一样的眼神了，更别腆着脸过去问人家你这是在干嘛。况且，你自己也不一定就没有强迫症，说不定你的行为在别人眼中也非常怪异呢，笑话人家有意思吗？

难道这不是我要的天堂假象？——巴黎综合征

❶

如果问大家哪里是世界上最浪漫的地方，相信大多数人第一个想到的肯定是法国巴黎。巴黎，那里不仅有琳琅满目的名牌化妆品、衣服、包包可供剁手党买买买，单是逛逛埃菲尔铁塔、凯旋门，或者在巴黎的街头拍张照片传到朋友圈都是一件长脸的事情。所以对于没去过巴黎的我们而言，巴黎是当之无愧的浪漫之都、艺术天堂。

日本人也是这么想的，虽然他们的东京也是我们最爱的旅游城市之一，但是他们心底对巴黎有着一种莫名的热爱。这或许是因为他们国内对巴黎的宣传片、纪录片做得比较到位，但是宣传什么的也不能全信，你看我们的《舌尖上的中国》都能把一碗没有卤的面拍得让人垂涎欲滴，他们日本人估计得更狠。反正各种各样的原因，使很多日本人觉得，巴黎是个天堂一样的城市，建筑优雅，街道干净，巴黎人素质高，说话客气，带着大都市的范，让人看一眼就想跟他们交朋友，巴黎是个人人都懂艺术的城市，他们那儿的街头上到处都是卖艺的。

假如你对一个城市抱有这样的好感，那么你肯定会用脚来进行表达。日本人民被巴黎深深地吸引了，于是好多人都攒钱去巴黎，想要见识一下这个世界上最浪漫的地方。

叶子就是众多迷恋巴黎的日本人之一，作为一名普通的白领，她天天坐公交车上下班。在公交车上看到巴黎的宣传片时，她被这座城市浓郁的艺术气息深深吸引，于是下定决心要去巴黎看看。就这样，叶子努力地工作了一年，终于等到了假期。一切手续办妥之后，她满怀憧憬地登上了飞往巴黎的航班。

在飞机上，叶子一边努力地平复自己的心情，一边憧憬着自己在巴黎这几天的日子。飞机飞过大西洋，带着她来到了这片既陌生又熟悉的土地。飞机落地的那一刹那，叶子热泪盈眶，她觉得，这座城市即将要感动她了。

当叶子走下飞机，立刻感受到了巴黎的热情，来自地中海的微风吹得她无比惬意，她似乎嗅到了欧罗巴的浪漫气息。她迫不及待地坐上出租车，想要看一看凯旋门、埃菲尔铁塔，感受一下巴黎人的热情。

叶子坐在出租车上，用蹩脚的法语跟司机师傅聊天，一来想提前感受一下法国人民的热情，二来想增进一下日本人民和法国人民的友谊。于是，她问司机师傅："师傅，您开出租车几年了？"

不想司机淡淡地说："你的法语我听着太别扭，我们还是说英语吧。"

叶子于是用英语说："OK，我的英语也不太好，巴黎真是个美丽的大都市啊！"

司机面无表情地说："既然英语不太好，那就不要聊天了吧！"

叶子："……"

这位司机跟叶子心中热情的巴黎人并不一样，"说不定他今天正好心情不好。"叶子这样想。虽然遇到了一个心情不好的司机师傅，但是叶子旅游的大好心情并没有受到影响。

叶子在繁华的巴黎街头下了车，她发现，这里好像并不像宣传片里描绘得那么好，作为一个大都市，这里的大街并不能称得上干净和宽敞，大街上熙熙攘攘的行人，看上去也都是普通人，也并不是那么地具有浪漫气息。当然了，凯旋门、埃菲尔铁塔还是很带劲的，虽然对巴黎的好印象有些破灭，但是这些世界著名景点还是让叶子兴奋不已。在卢浮宫，叶子看到了那些蜚声世界的艺术作品，尽管她不太懂欣赏，但是这些大师们留下来的杰作仍然使她震撼不已。

从卢浮宫出来，叶子觉得有点饿了，于是她到了一家法国餐厅，想吃一顿法国大餐。法国这样一个浪漫之都，服务业也一定非常发达吧，叶子准备享受一下法国人的殷勤周到的服务，然后回去好好地跟朋友描述一番。可是令她惊讶的是，自己进来好半天了，服务员并没有招呼自己的意思。很明显自己就是一个来消费的客人嘛，为什么服务员对自己理都不理？于是她不停地挥手，用英语说自己想要点餐，服务员才不怎么情愿地过来，把菜单递给她，然后去忙别的了。

叶子感到无比错愕，这跟自己对巴黎的最初印象完全不符啊。巴黎的街道并没有那么干净、宽敞和整洁，巴黎人民并不那么热情，就连巴黎的服务业也并不让人满意，自己心中的天堂，难道就是这个样子吗？叶子突然感到了前所未有的失落，她无精打采地吃完饭，结账走人。

沮丧地从餐厅走出来，叶子查了一下自己住的酒店的位置，发现需要乘地铁才能过去。她坐上了地铁，心中期待着巴黎的地铁上能有一番不一样的场景，这样一个时尚浪漫之都，地铁一定有特殊之处吧。不过当她走进地铁站的时候，她的美好憧憬再一次破灭了：巴黎的地铁拥挤而嘈杂，吵架的情侣、喧闹的孩子，眼前的情景使得叶子对巴黎的美好印象在这一瞬间彻底破灭了。在内心剧烈的波澜起伏中，叶子到站了，她走出地铁站，来到了酒店。

到了酒店的房间，叶子感到一阵晕眩和沮丧。巴黎原本是自己心中的天堂，能来巴黎旅游是她一直以来的愿望，不过今天在巴黎的一番游玩，使她的想法有了很大的改变。巴黎这座城市并不是天堂，巴黎人并不热情开朗，好像也并不欢迎她。

叶子躺在床上，感到一阵晕眩，她觉得这个城市非常陌生，自己来的仿佛并不是巴黎。想到这儿，她心中泛起了一种难以名状的恐惧和难过。

这时，敲门声突然响起，叶子吓了一跳。在这异国他乡，如果有人想要伤害自己，那真是防不胜防，叶子拿起身边的烟灰缸，藏在身后，走到门前，谨慎地问了一句："是谁？"门外回答道："是前台，赠送免费饮料给您。"

叶子警惕地打开房门，看到一个面带笑容的服务员，非常礼貌地端着一瓶饮料给她。她谨慎地接过饮料，使劲关上门。她知道这瓶饮料一定有问题，很可能是店家的诡计，想要毒倒她，实施抢劫。于是她将饮料倒进了马桶，当马桶的抽水声响起的时候，叶子感到一阵天旋地转，不由瘫软在地上。

叶子身上发生的事，你可能并不熟悉，一方面可能因为你没去过巴黎，另一方面可能你压根没把巴黎当成天堂。所以你也就感受不到那种失落感，不过这种情况在很多日本人身上发生了，这被称为"巴黎综合征"。

巴黎综合征是由旅居法国的日本精神病专家太田博昭（HiroakiOta）首先发现并提出的，巴黎综合征指的是原本将巴黎当成天堂的日本人，真正到了巴黎之后，发现这里跟自己的想象有很大的差别，由于无法承受这种落差而产生了失落感，导致头晕、呕吐、恐惧、自卑、失眠、被害妄想症等症状。当他们回到日本之后，还会出现一段时间不能工作、抗拒旅游的情况。简单地说，就是被巴黎伤了心，原本以为巴黎是个天堂，后来发现竟然还不如东京，日本人就郁闷了。

目前，对于巴黎综合征的很多研究，都把病因指向文化差异。日本人通过看宣传片和纪录片，将巴黎这一大都市想象得整洁美观，认为巴黎人优雅、好客。他们将巴黎想象成了天堂，但是巴黎确实存在着黑暗的一面：部分街道拥挤肮脏，巴黎人行为强势，部分巴黎人并不欢迎外国人，对日本游客没有表现得很客气。遇到这种情况，日本游客往往难以承受落差，从而引发身体和心理的不适。

“巴黎综合征”发生在日本人身上的比较多，中国人嘛，想来应该还好。只要巴黎的路易斯威登、香奈儿的专卖店不关门，只要凯旋门和埃菲尔铁塔让游客拍照，中国人就不会感到强烈的失落，我们哪来的什么“巴黎综合征”呢！

说到这里，突然想到，我也有过类似的经历，只不过我对于落差的反应并没有那么强烈，但是失落感确实有。当我还是个青葱少年的时候，曾经非常向往国内某著名旅游景点，然后就好好学习，省吃俭用，攒了好久的奖学金，终于凑够了钱，叫上好友一起踏上了开往那个城市的火车。那时候整个人跟文艺青年们跑去西藏净化心灵的心态是一样的。

开始我们做了各种各样的计划，也学习了很多拍照技巧，想要边玩边拍，上传到社交网络，旅游、装腔两不误。但是，当我们到达那座城市的时候，心中美丽的泡沫开始一点一点地破灭了。在火车站，我们被无数的黑车拦住。好不容易挣脱了出来，又住进了环境脏、乱、差，还敢漫天要价的旅馆。这些我们都不计较，毕竟每一个著名景点都是这样的，新闻上也没少曝光，这么多游客，配套服务这么稀缺，让每一位游客都满意也不现实。

当我们真正到了期待已久的景点时，却发现完全感受不到宣传片里的文化气息。古香古色的建筑倒是还在，但是建筑前面到处都是卖纪念品的，各种饭馆、小吃摊，各种看相、算卦的，这里完全变成了一条商业街道。尽管这个景点里的建筑一座都没被损坏，保存得很完好，但是这里完全变成了一个小贩捞钱的地方，强买强卖、漫天要价的行为比比皆是。那天我们两个只是在城门照了张相，逛了一会儿就走了，对这里感觉非常失望，宣传片上的画面也不知道在哪拍的。

幸好我们俩抗打击能力强，如果换做矫情一点的人，说不定真的会得上“XX景点综合征”。后来我明白了一个道理：在这样一个被商业包围的世界里，我们不该相信那些过度包装的东西，只相信亲眼看到的东西就行了，不要相信想象和宣传片。

其实很多人旅游都会遇到这样的情况，所以我们渐渐学会了不要过度相信宣传片，不要过分地相信广告，这也许就是这个浮夸的社会带给我们的一个好处，我们也不容易，长这一智，不知道吃了多少堑。

说不尽的孤独

当你看到有人在惬意地晒太阳，可能他心里正在后悔没涂防晒霜。

——题记

晚上十二点，我的朋友艾明浩和赵琳在全市最好的餐厅偶遇。

赵琳跟艾明浩说："真羡慕你年纪轻轻就能来这么好的地方消费。"

艾明浩说："还好，只是收入高，内心不够平静。"

赵琳说："确实，我们成功人士对内心和精神的追求比较高。"

艾明浩说："是啊，我最爱的咖啡这里竟然没有，真郁闷。"

赵琳说："我最喜欢的红酒这里也没有，还好，我法国的朋友已经在飞机上了。"

艾明浩说："真羡慕你，我巴西的朋友最近在迪拜度假。"

……

餐厅老板说："嘛都没点在这蹭wifi的两个人赶紧滚蛋，老子要打烊了！"

孤独的交际花——外向孤独症

1

周琳是一个典型的“交际花”。尽管只是一个在校研究生，但她认识的人着实不少。由于性格开朗、爱好广泛，周琳跟大多数人都能谈得来，也跟很多人有共同语言。她的手机通讯录里有上千个人，她的社交网络好友也多得数不清，毫不夸张地说，在校园里走不了几步，就能遇到一个周琳的朋友。

周琳心思活络，人也非常机敏。在朋友眼中，周琳不仅是一个交际达人，还是一个特别忙的人。每次想要约她，她总是没有空。比如你说：“周琳，我们晚上一起吃饭吧？”她会说：“哎呀，我很想去，但是我跟月月约好去看电影了，改天去好不好？”但是这个“改天”八成是不会来的。在校园里，你会经常看到周琳跟不同的人打招呼，你肯定会在心里暗暗地惊叹：“她连这些人都认识啊。”

大学校园里的一个普遍现象就是“圈子文化”，也就是一群玩得比较好的人会常常凑在一起，一起吃饭，一起玩耍，一起逛街，一起上课。但是这个现象并没有发生在周琳身上，周琳并没有一个圈子，或者说她的圈子很大，她不和固定的人一起玩。不过当她想找人陪自己逛街，陪自己吃饭的时候，总是能找到一大帮人。周琳每天吃饭、上课的时候，身边也总是坐着不一样的人。这在旁人看来，无疑是一种交际能力极强的表现。

然而有一件很奇怪的事，尽管周琳很擅长交际，但是她跟寝室的几个人关系并不亲密。周琳和室友们之间并没有互相得罪过，大家表面上也都是和和气气的，但是不知道为什么，她们之间总是有一种疏远感。室友们有时候一起去聚餐，一起去逛街，总是不带着周琳，而当周琳跟室友们在一起的时候，大家也都觉得有些尴尬，不自然。对于这件事周琳虽然感到苦恼，但是她也并不觉得有什么问题，毕竟跟室友接触得少，难以融入也是很正常的。用一句比较装孙子的话说就是"气场不合"呗。反正自己朋友那么多，如果跟室友不投缘那就当成普通朋友相处就好。尽管心里这么想，但每次看到她的室友在社交网络上秀各种聚餐照、出游照，一派亲昵融洽的时候，她还是觉得有些羡慕。而她在社交网络上常常转发一些鸡汤文和新闻，并不显得跟哪个人特别亲密，反而给人一种低调、成熟的感觉。

有一次周琳生病肚子疼，躺在宿舍里，一天都没去上课。本来她以为朋友们会发短信或是打电话慰问她一下，但是一直等到晚上，她的手机都没响一下。她不由沮丧地想，看来没有人注意到自己一天都没出现在校园里，尽管自己的朋友很多，但是她们并没有意识到自己的缺席。周琳第一次感觉到，原来自己在朋友圈子里并没有那么重要。

不久后的一个下午，周琳非常烦躁，本来自己心情就不好，论文写了一半思路却卡住了，去找导师请教又被导师训了一顿。周琳心情糟透了，她打电话给自己的朋友小姚，想找她陪自己吃饭，但是小姚说晚上跟同门一起聚餐。她又打电话给好朋友娜娜，娜娜说晚上要去学瑜伽。她连续给五六个朋友打电话，竟然没有一个人能陪她吃晚饭，这让她非常沮丧。她突然觉得，自己虽然有那么多朋友，但是在这种时候却没有一个人可以依靠。

王蒙也是一个交际达人。从小他就明白人际关系对于成功的重要性，所以他从小就喜欢交朋友，当然他的朋友也很多，这也是件令他引以为豪的事情。他看过很多成功学的书，也听过很多讲座，尽管他还是个大学生，但是他非常努力地想把自己变得“社会化”。他努力让自己说话做事都滴水不漏，不让自己有什么槽点和缺陷，与人谈话的时候尽量说让别人听了高兴的话，接人待物总是带着一副标志性的微笑。

王蒙喜欢找机会参加学校里各种各样的聚会，借机认识一些自己觉得将来会“有用”的朋友，然后添加对方的社交网络，每次对方朋友圈上发一条状态，他总是第一个点赞的人。对于这些新认识的人，有时候王蒙在路上见到他们跟他们打招呼，甚至都没有人能认出王蒙，可是王蒙仍然觉得这是自己的“人脉”，将来说不定会对自己有很大的帮助。

作为一个性格外向的人，王蒙自认为是社交高手，但是很奇怪，他跟身边的人关系并不算好。他跟住在一个寝室的室友之间很少交流，跟同班同学也不太打交道，他把所有的精力都放在所谓的“扩大自己的朋友圈”上了，每次看到自己的手机通讯录里增加了新朋友，他都会非常激动，认为这是自己人际关系的又一次飞跃。王蒙认为朋友多的人才能成功，要做到“不论走到哪，一个电话，就会有人送手纸”。

这一天，王蒙打车到学校门口，发现自己钱包里的钱不够付出租车费了，他觉得自己有那么多朋友，这种小事没必要担心。于是，王蒙随手打电话给自己的好哥们儿罗程，告诉他自己没带钱，让他带点钱出来帮自己付车费，罗程却说自己在自习室复习，因为明天就要考试了，没时间，让他找别人。王蒙又打电话给朋友赵林，赵林说自己现在在陪女朋友，不方便。王蒙又找了朋友王浩，王浩说马上就要上课了，出不去。王蒙觉得奇怪了，这几个哥们儿平时考试作弊、逃课一样不落，怎么一说要他们帮忙，全都装起好学生来了？王蒙轻哼一声，心想下次你们有事也别找我。然后，王蒙又联系了好几个朋友，大家都以各种理由拒绝了送钱的请求，甚至有几个还问他是谁，手机里压根就没存他的电话号码。王蒙很失望，他突然觉得自己的人脉经营得并不成功。

第二天，王蒙收到了杂志社的退稿邮件，自己的论文被退稿了。这表明自己一年来的研究成果并没有得到专家的认可。他感到非常失落和苦闷。他打开手机通讯录，想要找一个朋友陪自己聊聊天，缓解一下自己内心的苦闷。他在手机通讯录里找了很久，却发现此时此刻并没有一个人适合跟自己谈心，帮自己缓解苦闷。他回想起自己跟通讯录里的很多人只是一起吃过一次饭，有一些人他甚至不记得长什么样子了。他突然想问自己：“这么多人，到底谁才是自己真正的朋友？”

那天王蒙独自一个人在校园里走到很晚，他不停地在反思，为什么自己这样一个外向又善于交际的人，此刻却感到这么孤独呢？

如果你还是一个年轻人，只要你用心观察，你会发现，你身边充满了“交际花”。他们拥有着与自己年纪不相符的成熟和老练，面上带着假意的微笑，待人曲意逢迎，总是出现在各种聚会和社交场合上。他们的手机里有很多人的电话，你想找谁的时候，他们就会翻开通讯录告诉你电话。尽管你们两个也认识，也算是朋友，但是你觉得你跟他并不熟，你周围的几个哥们儿跟他也都是点头之交，但是你们都算是他认识的人，他有你们的联系方式，你们在社交网络上互为好友，而且你的上一条朋友圈他还点了赞。不过，虽然他是你认识的人，但是你并没有打算跟他深交，也不准备把自己的秘密告诉他，甚至过年过节收到他的祝福短信都觉得莫名其妙，都觉得给他回短信是种负担。

他们都是一些外向的人，他们有很多朋友，但是他们的内心却是非常孤独的。当他们心里不快活的时候，庞大的朋友圈里没有一个愿意出来跟他谈谈心，说说心里话。这些人一定非常苦闷，因为他们拥有“外向孤独症”。

外向孤独症与其说是一种心理疾病，不如说是一种社会现象。拥有外向孤独症的人希望自己被朋友环绕，享受这种众星捧月的感觉，但是他们的内心却是非常孤独的。

很多外向孤独症患者认为人脉对自己很重要，但是他们并没有深刻理解人脉的含义。他们与人交往的时候，总是会抱着“有一天他会对我有用”的想法，这就会让朋友觉得非常不真诚，从而只能变成泛泛之交。尽管现在哥们儿就是用来为自己两肋插刀的，但是你以为找个为你插刀的人就那么容易啊，留个电话加个微信是远远不够的。比如王蒙为了自己将来能成功而结交朋友，对待朋友却没有应有的真诚，所以当他有事情想向朋友求助时，朋友们纷纷拒绝了他，甚至有人都想不起来他是谁。

我的一个朋友也给过我类似的感觉，我们只是在一次公益活动上见过一面，后来再遇到都只是打打招呼，连寒暄几句都觉得多余。有一天，他打来电话说他家亲戚的孩子在参加一个比赛，要我帮他在线投票。我当时很忙，而且在这个投票网站上投票，还需要很复杂的注册流程，并且得填写一些敏感信息。如果这个人是我的铁哥们儿，我再忙也会停下来去帮他投票，但是对于这个跟我说话不超过十句的人来说，我觉得不值得冒着被领导骂的风险去停下工作为他投票。所以我当时就以很忙为理由拒绝了。

很多外向孤独症患者只是追求朋友的数量，而不追求交往的质量。周琳和王蒙，热衷于各种社交场合，出现在各种圈子里，认识很多人。他们认为朋友多显示了自己高超的社交能力，但是他们并不追求真正的友谊。就像周琳，她跟自己朝夕相处的室友关系都搞不好，怎么能指望她跟别人成为好朋友？尽管他们的社交范围广，但是大多数是“无效社交”。

白领李杰常常以自己认识的人多而自豪。每天在公司，他几乎会跟碰到的每一个人打招呼。不过很多人他都记不清楚叫什么名字，他只知道自己认识他们，而很多人也都只是跟李杰脸熟。不过李杰非常享受这种“到处是朋友”的感觉，尽管这种感觉并没有给他带来什么实质性的好处。

很多外向孤独症患者会努力使自己显得精通世故，拥有与自己年龄不相称的成熟。我们身边有不少这样的人，尽管他们还很年轻，但是他们举手投足、言谈举止都不像这个年龄段的人。他们故意显得非常世故，但这往往也使他们显得不真诚，在交往中会令朋友们感到压力。他们刻意模仿中年人的成熟与世故，认为这是一种入世的表现，然而这样反而使他们与周围的圈子格格不入，他们又无法挤进更高的圈子，自然会感到孤独。所以何必要显得精明、世故呢？

刘越就是一个刻意使自己显得成熟的大学生，他总是采取投机取巧的做事方法，比如考试作弊，为了得高分向老师送礼等。他在对待朋友时也常常出尔反尔，不守信用，并且声称“这个社会就是这样”。他认识很多人，但是没什么人把他当成真正的朋友。有一些认识他的人甚至会有意躲避跟他一起出现的场合。刘越早早地失去了真诚的本质，让大家觉得他很“假”，他觉得朋友就是用来帮忙的，但是很多人对他避之不及，怎么可能帮他的忙呢？

外向孤独症患者在与人交往时，常常会想办法取悦别人。取悦对方是很多成功学推荐的为人处世的方法，也能使交往双方保持和谐的状态，但是这并不是一种真诚交友的方式。朋友之间平等与真诚是很重要的，而刻意地取悦别人会使这两者一起丧失。无底线地取悦对方，会让人觉得你没有原则，这也是外向孤独症患者无法真正交到朋友的重要原因。

小孙就是一个善于曲意逢迎的人，他见到朋友之后会对他们进行各种各样的夸奖和奉承。本来大家听了都很开心，毕竟谁都喜欢别人夸自己，但是时间长了，大家就觉得他讨厌了。他对人一味地奉承，即便是那些对方没有的优点他也会编造出来，时间长了就让人觉得他油嘴滑舌，不值得信任。

外向孤独症患者非常依赖朋友，但是他们依赖的并不是真挚的友情，而是跟一大伙人狂欢的假象。我大学的某位室友就喜欢跟一群人到处去唱歌看电影，但是他本身并不善言谈，也就无法成为主角，他与那些KTV里认识的朋友几乎没有私下接触，但是他却喜欢跟一堆认识的陌生人出去狂欢。其实忍受不了孤独也是一种病态心理，当一个人无法忍受独处的时候，他内心的浮躁已经使他难以平静。这样的人即使有机会获得朋友，也不能用心与人交往。所以我非常相信一句话：独处的能力，与社交的能力同样重要。

我曾经参加过这样的聚餐，一群本来并不怎么熟的人，被一两个人召集到了一起，饭桌上大部分人都在玩手机，互相之间没有什么共同话题。时不时地有人挑起一个话题，大家随便聊上几句，但是随即就是长久的沉默，或者有个人讲个笑话，大家乐一乐，但是大多数时间大家都在低头玩手机。当这次聚餐结束之后，会有人留下我的电话号码，或者加了我的微信，但是我们几乎不怎么联系，最多就是发了状态回复我两句。在之后很久的一天，我再次看到这个微信好友时，竟然就想不起来这是谁了。外向孤独症患者就很热衷于这样的聚会，尽管在这些场合中，他们自己也觉得乏味无聊。

3

外向孤独症大部分还都是出现在年轻人身上，因为一旦人到中年，拥有了大智慧，就不会再使用这么肤浅的社交方法和手段了。很多热衷社交的年轻人常常盲目地模仿中年人，最终却东施效颦，适得其反。所以对我们来说，处在什么年龄段就做这个年龄段该做的事，不经历一些事情，仅仅从几本成功励志书上，怎么可能学到成熟和世故呢？

外向孤独症是由于对友谊和交际的错误认识引起的。外向孤独症患者以功利的心态，单方面地求取朋友数量的增加，制造一种自己朋友很多的假象，使自己得到满足。想到这里我都会觉得，其实他们也不容易，得多渴望朋友，才能用这种方式自欺欺人啊。他们不努力经营已有的朋友，而是拼命结识新朋友，这就导致所有的友谊都停留在点头之交的程度上，而当他们需要真正的友谊时这些泡沫就会破裂，因而他们会感到孤独。

外向孤独症患者之所以把自己陷入了这样尴尬的境地，很重要的原因在于，他们太重视交友的方法和手段，而忽略了与朋友相处的原则。他们会学习社会人士和职场人士的为人处世之道，学习那些成功学中提倡的交友方法，但是这些方法被用得越多，越会使人显得过于圆滑和不真诚。外向孤独症患者并不想浪费时间和精力与朋友们真诚交往，他们只是想为自己增加人脉，一方面可以排解自己的孤独，另一方面将来还可以帮自己的忙。带着目的交友，使他们难以获得真挚的友谊。认识的朋友再多也没什么了不起，关键时刻没人搭理你的话，不是跟没有朋友一样吗？

我的大学同学王峰是一个腼腆的人，他平时很少主动、刻意地认识谁，他的大部分朋友也都是自然而然地认识的。但是他对待朋友非常真诚，不计得失，朋友有事他一定尽力帮助。尽管他也是一个有功利心的人，但是朋友们都能够理解。有时候遇到一些评优选举，他也会请朋友们帮忙投票，这种时候他的朋友都会毫不犹豫地答应。

很多人觉得成功来自人脉，所以迫不及待地想去认识新朋友，但是这种带有目的的交友方式，一般是难以带来人脉的。当我们抱着想要获得对方价值的心态去交友时，我们应该考虑一下自己是不是有价值，对方到底愿不愿意与我们交朋友。其实在那种场合打交道的朋友，大都是想互相利用，你自己没什么利用价值还想利用别人，谁理你啊？

只是简单地留下联系方式，加一个微信，这还不是朋友。或许当你功成名就，干出一番大事的时候，好多人都主动成了你的朋友，但是当你默默无闻的时候，你不能指望一起吃过一次饭的人过后还记得你。这就是你想融入的圈子里的现实。增加几个“认识的人”，并不会对我们的成功带来多大帮助，因为他们并不一定愿意为你的成功提供帮助。

所以我们会看到，那么多整天扎在朋友堆里的人，私底下却是非常孤独的，他们有很多认识的朋友，却也没有一个真正的朋友。当他们开心的时候，可以跟这些朋友们一起狂欢，但是当他们难过的时候，就只能自己找个没人的地方悄悄地难过去了。这些人平时还傻呵呵的以为自己是经营人脉的高手呢！

外向孤独症也可能来自对朋友的依赖。很多人内心缺乏安全感，不愿意独处，担心自己被朋友抛弃，不想接受朋友少的事实。他们交友的目的可能并不在于建立人脉，他们可能更多的是想逃避独处，只是为了把自己投入到热闹的氛围中。这与很多女孩子希望得到男朋友的陪伴的心态是很相似的，可能两个人在一起也很无聊，但是总比一个人强。

对于外向孤独症的解决方法，我觉得还是需要对观念进行调整。尽管我们生活在一个急功近利的社会中，但是交朋友这件事还是不要那么功利。如果所有的交友都是有某种目的，那么我们的朋友圈一定是个怪圈子。我们应该先学会真诚，不管在什么时候，都应该与朋友真诚相处，我们也没有必要刻意地去结交新朋友。友谊是需要经营的，并不是简单地认识一下就好，多花点时间经营一下自己的朋友圈，比到处刻意地认识一些很快就会成为陌生人的朋友有用得多。

另外，如果是因为空虚寂寞而想要去混入热闹的氛围，那也大可不必。网上的很多鸡汤文写的还是蛮有道理的，有那时间多读点书，学门外语，同样也会让你感到有趣，何必费那么大的劲去融入不属于你的圈子呢？人都是怕寂寞的，只是每个人消除寂寞的方法不一样而已。

外向会使一个人善于交往，但是如果缺少真正的朋友，就会感到孤独。你想想吧，有一大帮朋友，却还感到孤独，是不是很可笑？这也是病态社会给病态心理的一种警告。不要再去模仿那些跟你年龄不相称的成熟了，顺其自然地交朋友吧。做一个孤独的“交际花”，这对于你的时间和感情都是一种浪费。

握个手太费劲——社交恐惧症

❶

社交恐惧症，这些年来我们越来越多地听到这个名词。好像这个心理疾病在我们身上表现得还挺严重的。如果你暂时还没有远离喧嚣选择隐居的打算，那么跟人打交道是必不可少的技能。如果害怕社交，那真心是一件闹心的事。社交恐惧症困扰着很多人，比如下面这两位。

二十岁的周筱宁是个在校大学生，他从小就学习好，考上大学以后仍然非常努力，每天按时去上自习。跟他住在一个宿舍的哥们儿赵霖就有点看不下去了，跟他说："小周，你看你好不容易考上大学了，天天就知道抱着书本啃，不出去交朋友，不出去勾搭妹子，你觉得你的人生有意思吗？"

周筱宁想了想，对室友说："确实很没意思，但是要怎么勾搭妹子呢？"

赵霖跟他说："勾搭妹子都不会，走，今晚上学校有舞会，哥带你去参加，里面有各种各样的妹子。"

周筱宁听了之后，想了想："还是算了吧，舞会我不去了，那么多人……"

赵霖听了，连忙劝说道："舞会当然人多了，中国就是人口大国，你到哪人都多，食堂里面人也多啊，你不还得去吃饭吗？”

周筱宁一下子想不出反驳的词，就跟赵霖说：“行，我跟你去，但你先等我一会儿，我把这道题做完。”

赵霖：“……”

晚上八点，两个人准时来到了学校办舞会的地方。一进去，赵霖就立刻变得像主人一样，跟这个握手，跟那个拥抱，还时不时地讲个笑话逗大家笑笑。而周筱宁跟在赵霖的后面，这些人他一个也不认识，根本插不上嘴，感觉好没意思。

这时候，正在跟赵霖聊天的一个女生看见了周筱宁，就问赵霖：“跟着你的这个人是谁啊？”

赵霖回头看了一眼，说：“哎呀，我差点忘了，这是我室友，叫周筱宁，是个大学霸。”

那个女生走向周筱宁，朝他伸出手，说：“你好，我是小希，我喜欢跟学霸做朋友。”

周筱宁突然感到脸上一阵发热，他低着头，双手不停地颤抖，但他终于还是伸出手，紧紧握着小希的手，声音颤抖地说：“你……你好，我是周……周筱宁，赵霖的……室友。”

小希抽出手来，跟周筱宁和赵霖说：“怎么了嘛，这么紧张，难道我比微积分还可怕吗？”

赵霖笑了笑，跟周筱宁说：“没事，不用紧张，小希是个很热情的人。”

周筱宁点点头，尴尬地笑了笑，听到转身走开的小希抛下这么一句话：“你的朋友真像个学霸！”

过了一会儿，赵霖又介绍另一个女生小洁给周筱宁认识。周筱宁走向小洁，感到心跳非常剧烈，他低下头，眼睛盯着小洁的脚，颤抖着跟小洁握了握手。小洁笑了笑，转身投入到了舞池之中。之后，赵霖又介绍了几个女生给周筱宁认识，周筱宁无一例外地感到脸红心跳，浑身颤抖，甚至觉得跟她们说一句话都感到非常难为情。

周筱宁非常沮丧地坐在舞池旁边的沙发上，这时候有一位女生过来邀请周筱宁一起跳舞，周筱宁非常想去，但是他没法看着这个女生的眼睛，嗓子里的“好”也憋着说不出来。这位女生看他如此不自在，感到有些无趣，于是扭头去找别的舞伴了。

周筱宁非常懊恼，他发现自己竟然无法跟异性正常交流。不对啊，以前虽然没跟女同学接触过，但是跟女老师说话没什么障碍啊，自己到底怎么了？

王鹏是一名职场新人。在大家看来他的简历无疑是非常抓人眼球的：毕业于名牌大学，成绩优异，保送研究生。不论是领导还是同事，都非常看重他，也都很照顾他。

这天晚上，王鹏所在的部门聚餐，王鹏作为新人也一起跟着去了。

由于大家都很熟了，所以在饭桌上，你一言我一语的，气氛非常和谐。王鹏坐在席间却是如坐针毡，备受煎熬。他知道自己应该说点什么，但又总无法开口。王鹏觉得自己没有融入到这个集体，他坐在椅子上，不敢抬头看同事，生怕他们会跟自己说话，自己答不好会被嘲笑。他低着头吃东西，却感觉好像有什么东西堵在喉咙里，难以下咽。他感到好像所有人都在看着他，这让他面红耳赤，恨不得找个地缝钻进去。

这时候，部门的张主任问王鹏：“怎么样啊，来我们部门还适应吧？”

王鹏低着头，艰难地回答道：“适……适应。”

部门的刘副主任说：“小伙子别紧张，大家出来就是放松的。”

这一句话让王鹏更加面红耳赤，无法搭话。王鹏觉得自己在这里一秒也待不下去了，他祈祷着聚餐早点结束，早点离开这个让自己尴尬的地方。

终于，聚餐结束了，大家都纷纷吵着去唱歌，主任也同意了。王鹏极不情愿地跟着大家来到了KTV。在KTV包厢里大家真正地high了起来，不停地唱歌，互相调侃、热聊起来。而王鹏却躲在不显眼的角落里，他只希望聚会快点结束。他庆幸没人看到他，庆幸大家没有让他唱歌，如果此时自己能变成一个透明人那该有多好啊。

大家一直玩到下半夜才意犹未尽地回去了，王鹏也艰难地挨过了一个晚上。他觉得这个晚上是有史以来自己最痛苦的一个晚上，他也非常懊恼为什么自己不能融入到同事们当中。

一个月以后，部门又组织聚餐，当大家邀请王鹏时，王鹏推脱说自己晚上跟朋友约好了。此后，同事的生日宴会、公司的年会王鹏也都找理由推脱了。他缺乏自信，他不知道为什么自己在社交上这么不行，他希望自己能在任何场合谈笑风生、游刃有余，但是机会真的来了，他只希望自己能变成一个透明人。

2

对于社交的恐惧心理，我们每个人都有。这也很好理解啊，你得去认识陌生人，你知道他是好人还是坏人啊？所有人在见到陌生人的时候都会难为情的，不然你在大街上见到美女怎么不敢去搭讪呢？不过有人能把握好难为情的程度，也就不会影响社交。不过当难为情给一个人造成的负担过大，就会造成社交恐惧症。

社交恐惧症有两种，一种称为“特殊社交恐惧症”，另一种称为“一般社交恐惧症”。不管是哪种，都是对于一个人社交能力的毁灭性打击。很多时候普通人觉得很简单，就是打个招呼，说一句话的事，在社交恐惧症患者看来，就是一件很难做到的事。有时候社交恐惧症患者自己也很郁闷：“就这么点破事，害羞个毛线啊！”

特殊社交恐惧症，是一种非常人性化的社交恐惧症。假如你是一个特殊社交恐惧症患者，那么你只会在特定场合感到不适，在其他场合觉得还凑合。比如周筱宁，就是一个特殊社交恐惧症患者，他面对老师、室友时都没问题，但是唯独跟异性交往时，会出现面红耳赤，无法流畅地说话等症状。特殊社交恐惧症的患者还是挺多的，用黄健翔的话说就是“你不是一个人”。有的人平时跟人交往毫无障碍，看上去还是个交际高手，但是一上台表演就歇菜了，什么都说不出来。有的人在其他场合跟人谈笑风生，唯独到了会议上需要发言的时候，就结结巴巴说不出来。这都是特殊社交恐惧症，连凤凰卫视《锵锵三人行》的主持人窦文涛也说过，自己在台下其实是一个很内向的人，上了电视才口若悬河。

最著名的特殊社交恐惧症案例，莫过于《国王的演讲》中的乔治六世国王。处于“二战”非常时期的英国，急需一位能够带领人民战胜法西斯的国王。而乔治六世却无法流利地进行演讲，不能带给英国人民勇气和力量。幸好在医生和家人的鼓舞下，乔治六世从阴影中走了出来，克服了对于演讲的恐惧，最终带领英国人民战胜了法西斯。

不过，心理学家觉得将特殊社交恐惧症简单地这么一定义并不过瘾，他们做了更加细致深入的研究，又给特殊社交恐惧症分了类。主要有这么几类：

异性恐惧。顾名思义，异性恐惧就是害怕跟异性交往。周筱宁就是异性恐惧的真实案例。异性恐惧患者能够跟同性朋友顺畅交流，但是如果他们跟异性谈话或者对视，就会产生严重的焦虑、口吃等症状。这种异性恐惧，对于男生来说简直就是灾难啊，不敢跟异性交流，将来怎么追妹子啊，难道要孤独终生吗?

视线恐惧。视线恐惧就是不敢与人对视。视线恐惧患者最明显的特征，就是与人聊天时不看对方的眼睛。这些人在跟人谈话时，喜欢低着头，因为他们一旦与聊天对象对视，就立刻会出现紧张、颤抖、口吃等状况。周宁是一个很健谈的人，但是他在跟人聊天的时候从来不看人的眼睛，因为他有视线恐惧。当他低头看着地，或者看着远方的人群时，他的思维非常活跃，能够与人侃侃而谈。但是一旦他盯着聊天对象的眼睛，就会产生恐惧感，变得面红耳赤，结结巴巴。

表情恐惧。表情恐惧就是指患者总是认为自己的表情不好看，担心会引起别人的讨厌。这源于他们对自己外貌的不自信，认为自己不够英俊，或者觉得自己没有坚毅的眼神。如果这些可怜的人发现你在盯着自己的脸看，就会变得非常紧张，甚至难以继续交流。你看，表情恐惧是不是很任性，不看别人就算了，你还不让别人看你。

另外还有一种**口吃恐惧**。患有口吃恐惧的人，平时说话没什么问题，嘴巴也挺利索的，还经常调侃这个调侃那个，但是到了人多的地方，就变成口吃了。甚至当着很多人的面，读篇演讲稿都有很大的问题。

一般社交恐惧症就没那么挑了，患了这种病的人，无论在什么时候，只要有人的地方，就会感到不适。比如大家聚餐的时候，王鹏会觉得面红耳赤，无地自容，想上厕所，希望逃离。在人多的地方他们无法正常地说话，不能流利地表达。有的人一分钟也不想在公共场合多待，他们在人多的地方不敢抬头，低着头迅速逃跑到人少的地方。

刘芸就是一个患有一般社交恐惧症的女孩。她刚刚参加工作，工作中遇到什么问题从来都不敢向同事请教。她每天都第一个来上班，坐在工位上躲起来，因为害怕同事们注意到自己，每次开会都坐在后排，担心领导看到自己。不敢看别人的眼睛，与别人说话时结结巴巴的。单位的第一次聚会，她竟然在厕所躲了一晚上。她对自己的这些表现感到非常苦恼，但是她又不知道该怎么办。她看了很多关于克服害羞心理的书，但是并没有多大改善。

社交恐惧症还是很纷繁多样的，不过在经历这些痛苦的时候，社交恐惧症患者知道自己的恐惧是很没有意义的。这些恐惧平白无故地给他们带来了很多麻烦，让他们丧失了很多机会，所以大部分社交恐惧症患者都在挣扎，在想办法克服自己的恐惧。可见，社交恐惧症的治疗是非常有市场的。这也就使心理医生对社交恐惧症的研究达到了非常深入的程度。

3

我们曾经说过，很多心理疾病都是由童年不愉快的经历引起的，这次如果我们要寻找社交恐惧症的根源，那么就得回到患者的小时候。一个不太幸福的童年，或者在人格成长的关键时期受到过某种打击，是社交恐惧症的最重要的原因。那么让我们来看看周筱宁和王鹏，到底是什么原因，引发了他们对大众的恐惧。

周筱宁不堪社交恐惧症的困扰，终于走进了心理医生的办公室。在刚开始面对年轻的女心理咨询师时，周筱宁感到难以开口，后来在他的要求下，更换了一名男性心理咨询师，他才能够适应。心理医生通过催眠等方式，帮他回忆起了在他童年时期发生的一件事，这件事被认为是周筱宁社交恐惧症的根源。

周筱宁小时候有一个非常要好的朋友，叫张兰。他们两个在幼儿园就是好朋友，后来又进了同一所小学，在一个班里。有一天放了学，他们几个小孩子在教室外的走廊上玩过家家，周筱宁当爸爸，张兰当妈妈。他们玩着玩着突然有个小朋友说，电视里的爸爸妈妈是经常亲嘴的，所以你们两个也应该亲亲嘴才对啊。当时这些小孩什么都不懂，听了这个提议觉得有道理，于是周筱宁跟张兰就亲了一下。非常不巧，他们的这一举动正好被来接女儿回家的张兰的妈妈看到了，于是她一把提溜起张兰，冷着脸二话不说就给带回家去了，然后又打电话给周筱宁的妈妈，告诉她周筱宁不学好，小小年纪就要流氓。周筱宁的妈妈听了也非常生气，把他带回家狠狠打了一顿。从此，张兰的妈妈再也不允许张兰跟周筱宁一起玩了。

这件事情使周筱宁糊里糊涂地挨了一顿暴打，都不知道是什么原因，但是他知道肯定跟女人有关。这件事给他留下了心理阴影，使他不敢与异性交往，久而久之，连跟异性说话都存在困难。

而王鹏向心理医生求助的时候，似乎对于自己之前的创伤记忆犹新。当心理医生问他以前有没有过类似的经历，或者第一次产生这种感觉是什么时候，他竟然哭了起来。待他终于平静下来，他缓缓地向心理医生讲述了这样一件事：

王鹏小学三年级时是班上的英语课代表，他每天非常尽职尽责地帮老师收作业。不过，小学时的王鹏并不是一个非常用功的孩子，所以他的学习成绩并不太好，特别是英语成绩，尽管他是英语课代表，但他每次英语考试的成绩都在班里垫底。有一次在英语课上，老师叫王鹏起来回答问题，王鹏不知道答案，于是站起来支支吾吾半天说不出话来。老师看到王鹏的表现非常生气，对他说："就你这样还做英语课代表，怎么给同学们作出表率啊，我看你英语这么差，就不要做英语课代表了。"于是老师当场撤掉了王鹏的英语课代表职务。那天王鹏只记得自己站在原地，脸上发烫，他知道所有同学都在看着自己，他恨不得自己立刻消失。放学后，王鹏第一个冲出教室，他不想跟任何一个同学结伴回家，因为他知道他们肯定会嘲笑自己。

后来他变得自卑而懦弱，不敢面对别人的目光，走路总是低着头，跟人说话不敢看人的眼睛。久而久之，他便不敢出现在人多的场合，他觉得周围的人一定都在嘲笑自己。心理医生将这件事判定为导致王鹏社交恐惧症的原因。

对于社交恐惧症的治疗方法，根据患者不同的发病原因和患病程度，也有着不同的方案，总的来说，一般有两种，一种是集中暴露法，另一种是系统脱敏法。

集中暴露法，就是将患者暴露在他们恐惧的事情之中。你不是害怕社交吗？好啊，那就让你出去社交，你一旦发现社交也没有什么大不了的，也就不再害怕社交了。

这种方法听上去倒是蛮酷的，不过还得把握一个度。如果把握不好度，把社交恐惧症患者扔在人群里不管了，反而可能会加深患者的恐惧，要求逃离的心理阴影面积会更大，导致病情加重。

周筱宁的治疗方案中就包括了集中暴露法。心理医生建议周筱宁先从跟女心理咨询师交流开始，逐步到身边的女同学。起初周筱宁对于这种方法非常抵制，他不愿意迈出第一步。后来在其他方法的配合以及心理医生的鼓励之下，周筱宁与年轻的女心理咨询师进行了长达两个多小时的交流。这次成功的交流使他自信心大增，后来在面对身边的女同学时，他已经能够准确地表达自己的想法了。现在虽然他还不能与女同学以完全放松的心态交流，但是至少恐惧已经不像原来那么强烈了。

系统脱敏法，就是通过一个过程，几个阶段，逐渐改变患者的心理认识和行为，从而使社交恐惧症患者不再恐惧社交。

系统脱敏法需要一个较长期的过程，而且需要非常完善的方案。系统脱敏法一般先对患者进行认知治疗，让患者明白你害怕的这个东西，其实它并不可怕，不光我们不怕，幼儿园的小朋友也不怕，所以你也别怕了啊，听话！

认知治疗的另一个目的是帮助患者找到恐惧的心理根源，就是搞清楚小时候什么事把你吓着了，你才会这么高冷地不跟人打交道。找到原因之后，通过心理疏导，帮助患者克服心中的自卑与恐惧。

当患者了解了自己的真实情况，以及自己所恐惧的事情，达到了这么一个“知己知彼”的状态之后，下一步就是将患者投入到社交中。在患者进行社交的过程中，肯定不断地出现恐惧和抵触情绪，这时候心理医生就得及时插手，跟踪其情绪和心理的变化，及时对它们进行修正，这样实践和理论两手都抓，两手都硬，逐步使患者对于社交有一个正确的认识，最后通过不断地修正患者的负面情绪和恐惧，帮助其克服恐惧和焦虑，从而达到治疗目的。

而我们普通人，何尝没有恐惧与焦虑呢？比如公众演说是每一个人都会紧张的事情，但是这种紧张的情绪据说只会持续九十秒，当九十秒过后，大家就可以轻松自如。但是关键就在于，很少人能扛过这九十秒，他们受不了这九十秒的挣扎，离开了演讲台，然后告诉别人自己害怕演讲。对于交往也是一样的，面对陌生的异性，其实大家心里都会紧张，但是紧张并不会持续太久，我们只要坚持过这短暂的不安期，就能够轻松自如地与异性进行交往了，不要在不安期里面退缩，走过不安期，我们都是社交高手。

第五章 天才也性感

我可不是什么天才，不要编排我。

——题记

很多年前，小林见识颇广的父亲曾经问他：“英国第一大城市是哪里？”

小林说：“是伦敦。”

父亲接着问：“第二大城市呢？”

小林想了一下，他不想说不知道，作为球迷，他只能猜一个：“是曼彻斯特！”

父亲跟他说：“小子你真棒，连这都知道。”

从那天开始，小林认为自己是一个博学又了不起的人，小小年纪就知道这么多，将来肯定要有所作为。带着这样的心态，他逐渐成了同龄人中的翘楚。

今年，小林出差去英国，在机场的宣传片中看到这样的解说词：“伯明翰作为英国第二大城市……”

一屋不扫，攒着劲扫天下——第欧根尼综合征

❶

第欧根尼综合征，听上去好像很学术的样子，名字也很高大上，不过这并不是一种严重的心理疾病，而且症状还蛮有意思。作为一个以大学者的名字命名的心理疾病，其实并没有那么神秘，甚至在生活中还挺常见。

第欧根尼是谁？就是那个亚历山大过来问他，“请问我能帮你做点什么吗？”他说“你给我闪一边去，别挡着我的阳光”的那个人。第欧根尼是古希腊犬儒主义哲学家，这哥们儿对传统的信条提出了严厉的批判，他认为除了自然需求外，其他都是多余的。他本人也践行这一信条，过着非常自律的生活。他生活在一个木桶里，过着像乞丐一样的苦行生活。他把周围的一切搞得挺乱，不修边幅，比较任性。他的哲学理论对一些人来说是非常有意义的，不过心理学家更感兴趣的是他的生活方式。很多年后，心理学家仍然对他念念不忘，并且用他的名字命名了一种心理疾病。

第欧根尼综合征又叫肮脏混乱综合征，与其说是一种心理疾病，不如说是一种社会现象。接下来，让下面这两位老大爷现身说法，为你解读什么是第欧根尼综合征。

王大爷的老伴已经去世多年，儿女又不在身边，退休后他一直独自生活。他的儿女虽然工作在外地，但是也算孝顺，隔一段时间就会回家看看他，给他买点生活用品，做点好吃的，问问他有什么需求之类的。

这天，王大爷的儿子小王回来，一进门发现老王的屋子里乱糟糟的。他说："爸，我就三个月没来，怎么这里变得这么乱了？"

王大爷没理他，继续做自己的事。

小王放下手里的东西，开始帮王大爷收拾房间。其实王大爷房间里的东西并不多，只是摆放得太乱。小王忙乎了一个上午，就把脏乱不堪的房间收拾得整整齐齐的，又给拖了个地，房间里瞬间变了明亮干净了许多。

做完这些，小王跟王大爷说："爸，以后用完东西放回原来的位置，这样房间会比较整齐干净，你住着也舒服，您觉得是吧？"

王大爷看了看被儿子收拾好的房间，随口答应了一声。

小王跟王大爷一起吃了个饭，聊了会儿天，就回去了。聊天过程中，小王发现王大爷最近心情不错，经常跟胡同口的大爷大妈们一起玩，性格也比以前开朗了许多，小王听了这些感到非常高兴。

又过了两个月，王大爷的女儿王姐回来看王大爷，她发现王大爷的房间简直乱得下不去脚。王姐是个直性子的人，她直接跟王大爷说："爸，你看你，怎么把家里弄得跟垃圾箱一样啊！"王大爷只是抬头看了她一眼，没搭话，继续看报纸。

王姐也没办法，只得放下手里的东西，开始帮王大爷收拾房间。收拾了一阵，她发现，屋子里的东西怎么这么多啊，仔细一看，王大爷竟然把两个月的报纸全都堆在了屋子里，还把喝完的饮料瓶留在了屋子里。

王姐对王大爷说："爸，这些旧报纸和饮料瓶，咱们该扔就扔啊。"

王大爷说："这些报纸说不定以后还有用，扔了多可惜。"

王姐说："报纸能有什么用，以后想用再买呗。"于是她把旧报纸和饮料瓶全都扔到了胡同口的垃圾箱里。

王姐忙了整整一个下午，终于把王大爷的屋子收拾干净。她对王大爷说：“爸，以后东西用完了放回原处啊，想找的时候也好找，不用的东西扔了就行了，堆在屋子里看着多难受。”

王大爷只是漫不经心地“嗯”了一声。

三个月后，小王又来看王大爷，又看到王大爷的屋子里堆满了各种没有用的东西，而且乱得让人发疯……

老刘是一个公务员，工作了四十多年后退休了。但是他退休之后并没有像其他的老人一样，在城市里依靠退休金生活。他找了一个没有人认识他的乡村，过起了隐居的生活。

他的儿女常常会找不到他，有时候好不容易找到了他，过一段时间他又悄无声息地搬走了，好像在跟大家玩捉迷藏一样。

他跟王大爷一样，也把自己的房间弄得很乱，不过他拒绝儿女的帮助，他既不要儿女们的钱，也不让他们来帮自己收拾房间。尽管自己的房间里乱糟糟的，但是他并没有觉得有什么不好。他希望认识自己的人都跟自己离得远远的，不来打扰他的生活，他只想一个人安度晚年。

后来，老刘的女儿找到了他，并帮他把脏乱的房间收拾了一遍。收拾完之后，他也觉得干净整洁的房间让他心情愉悦，但是没过多久，房间又被他弄得乱七八糟的。这件事情让他的儿女们很崩溃。想来老刘是一个公务员，退休前做事情一直井井有条，当初教育儿女们也都是让他们干净整洁，保持卫生，怎么老了反而“晚节不保”了？难道是谨慎了一辈子所以到老反而想放纵一下？

2

其实描述得很清楚了，第欧根尼综合征就是一种把房间弄得脏乱差的心理疾病。第欧根尼综合征还有一个名字叫做“众议院综合征”，因为众议院讨论起什么事情来也是吵得不可开交。这么看来，心理学家还是蛮有幽默感的，抽个机会都要调侃一下政治。

第欧根尼综合征的患者中，老年人占了大多数，是典型的老年病，不过也有一些年轻人拥有相似的症状。很多时候当父母们看到自己的小孩把屋子搞得乱七八糟，准备揍他一顿之前，应该先想想这小子是不是得了第欧根尼综合征。第欧根尼综合征患者不论从精神状态还是行为上，都与普通人无异，但是当你走进他们的房间，你就会想说点什么。第欧根尼综合征主要症状有以下几个：

他们的房间脏乱，生活不讲究。就像上面例子中的王大爷和老刘一样，第欧根尼综合征患者总是把房间弄得乱七八糟的，让人一进去找不到下脚的地方。而且得这种病的大部分还是老年人，如果是小朋友还好说，房间弄乱了教训一顿就改了。但是对于老年人，我们作为晚辈又不能用太强硬的语气跟他们说要收拾好房间这种事。所以，他们弄乱了，年轻人帮他们收拾呗。

具有自卑感。因为大部分老人离开工作岗位之后，都有一种失去价值的感觉，这也体现在第欧根尼综合征上。比如老刘想要隐居，他不想邻居朋友看到他退休之后无所事事的样子。当儿女们找到他之后，他又多次搬家，不想让儿女们帮他整理屋子，这也是自卑的一种表现。想来这种自卑感也来自老年人的失落，毕竟青春不再，这种失落导致他们对很多事情并不在乎，脏一点就脏一点吧，乱一点就乱一点吧，无所谓的，干净整洁又怎么样呢？

具有严重的囤积行为。囤积行为，在我们的印象中大都发生在小女生们身上，她们买各种各样没用的东西，然后又不舍得扔，或者买了太多的鞋和衣服，即使不穿了也不扔，就导致屋子里乱糟糟的。而第欧根尼综合征患者的症状跟她们是一样一样的！不论是什么东西，都不舍得扔，最后全都堆在屋子里，使屋子显得特别乱。就像王大爷，尽管儿女们跟他说过好多次，不用的东西就扔了吧，但是老人家还是保留着情怀，旧东西不舍得扔。

购物欲特别强。第欧根尼综合征患者还特别喜欢买东西，这习惯本来没什么不好，老人买些东西，改善一下生活水平，不仅能令心情愉快，还能推进经济发展，促进货物流通，对谁都是一件好事。但关键是，他们喜欢囤积，新东西买回家，旧东西又不扔，时间长了多大的房子也装不下啊。所以第欧根尼综合征患者的房间常常会特别乱，因为那么多东西，没有一定的整理水平，很难给归置整齐了。

第欧根尼综合征患者还特别喜欢隐居。他们喜欢找个谁都找不到的地方藏起来，这并不是在学习古代圣贤，这是一种逃避的行为。他们不喜欢面对别人的目光与盘问，甚至希望逃避世俗的喧嚣。就像老刘，就特别希望找个乡村隐居，谁都找不到自己——你们也别管我屋子整齐不整齐，收拾得干净不干净，我躲你们远远的，谁也别搭理我，行不？

目前对于第欧根尼综合征的治疗方法，主要还是心理疏导。第欧根尼综合征并不是由身体病变引起的，也不是来自心理创伤，主要是一种心态的转变，而且到底要不要把它归为一种疾病还有待商榷。老年人觉得房间乱了也无所谓，懒得去收拾，除了影响美观，有时候找东西不方便，也并没有什么大不了的影响。

对于第欧根尼综合征患者，心理医生会向患者传达生活的美好和期望，使其能够渐渐改变对生活的看法。不过就当前的社会状况来看，即便是老年人得了第欧根尼综合征，也很少有子女将其视为一种精神病。老来任性，怎么能当成病呢?

其实跟其他的心理疾病相比，第欧根尼综合征并没有什么社会危害性，无非就是老年人任性了，心累了，管不了那么多的事情了，不再那么精明干练了，房子弄得脏乱了一点，严重一点无非就是人际关系搞得差了一点，脾气古怪了一点。在我看来这也没什么啊，老人如果房间乱了，年轻人去收拾收拾就好了。如果老年人表现出消沉的心态，年轻人多去陪伴一下老人也就可以了。这种老年病除了让儿女们进门的时候吓一跳，也没有什么实质性的危害嘛。

第欧根尼综合征更多的是一种现象。与其研究患者们的心理状态，倒不如看看是不是周围的环境让他们变得这么“脱俗”。世界发展得太快了，而老年人步伐又小，生活快节奏的变化与人们想要留住生活美好时光的心态角力，最后导致了这样的结果。

其实真得了第欧根尼综合征，请心理医生来并不是最好的办法。对于老年人来说，与其把他们当病人对待，不如多陪陪他们，多跟他们聊聊天，让他们觉得生活还是充满乐趣的，还是值得付出的。

我可爱的象牙塔——学者症候群

1

美国小伙德里克·阿马托是一个极具天赋的音乐人，他能够熟练演奏8种乐器，不过他并没有受过任何专业音乐训练，也没有人指导过他。他属于那种被音乐吸引了之后，摸起乐器来就能演奏的类型，也就是我们常说的无师自通型。这哥们儿的音乐天赋还不光体现在演奏乐器上，他唱歌也非常棒，让人感觉他简直就是为音乐而生的。说到这里，你可能会觉得，人家天生的好脑子，有天赋，我们除了自叹不如，也没别的办法了。

不过我告诉你啊，其实阿马托并不是天生就这样，可以说在他二十多年的人生中，他并没有觉得自己跟音乐有什么关系，别说演奏了，欣赏音乐对他来说都不是个简单的事，人家是个运动型男，不是文艺青年。但是，一次游泳的经历，彻底改变了他的人生。

这天，阿马托到朋友家参加聚会，他跑到游泳池游了一会儿，觉得没劲，想寻求点刺激，于是开始玩起了跳水。开始玩得还挺high，可是型男们总是由于对自己的身体过于自信而干出一些令人扼腕叹息的事情来，比如阿马托，这哥们儿跳水的时候不注意，没看到池中水浅，结果给摔着了，还给摔着头了。

不得了，摔着了就得赶紧送医院啊，送到医院去之后，医生给诊断了一下，发现摔得还不轻，都摔成严重脑震荡了。哥们儿以后就别做剧烈运动了，好好休养吧。阿马托着实在家老老实实地待了一段时间。

但是有句话是怎么说的，人有一颗不安分的心，怎么都不会停下来。阿马托出院几天后去拜访朋友，被朋友家的钢琴瞬间吸引了，他忍不住坐上琴凳，开始演奏。阿马托先前从未受过任何专业音乐训练，只会弹一点吉他，因此朋友见状挺震惊的，不过转念一想，说不定他受伤之前在哪里偷学过几天，现在想要宝也大有可能，也就没当回事。但是当他看到阿马托在没有任何乐谱和指导的情况下，竟然连续数小时弹奏自创曲目，不由目瞪口呆，因为一般人搞一辈子音乐也不见得能达到这种水平，这哥们儿真心是开挂了。

尽管德里克·阿马托已经很棒了，但是世界上像他这样拥有超人能力的人还有很多，另外一个哥们儿则让我们更加惊叹于人类大脑的极限，他就是大名鼎鼎的金·皮克。什么，你没听说过金·皮克？好，我不怪你，毕竟作为一个工科男你连校花是谁都不知道，怎么可能指望你听说过金·皮克呢？

那我继续问，电影《雨人》看过吗？《雨人》就是以金·皮克为原型进行拍摄的。哦，不，金·皮克不是汤姆·克鲁斯演的那个大帅哥的原型，他是这位帅哥的弟弟雷曼的原型。

金·皮克牛气到什么程度呢？他拥有钱钟书才拥有的照相机式的记忆，几秒钟能看完一页书，而且合上书就能背出来，你过几年之后让他背，他还是能倒背如流。美剧《犯罪心理》里面的瑞德不是经常说自己是天才吗？让他试试这个估计他也得歇菜。

金·皮克拥有这种超人的记忆力，不仅使他在商业社会里通过演讲大赚了一笔，还使他变得学识渊博。你想啊，一个小时能看完一本书，然后合上书就能记住，这要是想学习，那这辈子能学到多少东西啊。没错，金·皮克就是一个爱学习的人，并且他这辈子似乎没干别的事，就是读书了。据说他非常喜欢读书，他们家书橱里的书但凡被他读完的，他都会反过来放，以示区分，传说他能背下来12000多本书。12000多本书是个什么概念呢？举个例子，亚里士多德，很了不起吧，他也就是读过几百本书吧，而且他还一本都背不下来。我们这个时代能称得上学识渊博的人，一生也就能仔细读个1000本书吧，而且绝对一本都背不下来。所以金·皮克在各个领域内都有着渊博的知识，他的一生可以说是展示了人类的极限。

所以要说金·皮克博学，那都不用我说，据说这哥们学习能力还特别强，认识了一位音乐家，听了几遍人家演奏的钢琴曲就能自己弹了，这让整个童年都在学钢琴但最终只能弹《小星星》的我多崩溃啊。这就是我想说的金·皮克，现在有没有觉得你所听过的学霸们都弱爆了？

看到这里，你一定会问，金·皮克这么厉害，智商一定很高吧？我只能告诉你，不好意思，金·皮克的智商只有69，尽管他是那么地耀眼，但是如果没人告诉你他是谁，放在人群里，还是属于弱势群体。金·皮克不能照顾自己的日常起居，常常会把自己的生活搞得一团糟，他也不能与人非常愉快地交流，而且他有非常严重的自闭症。尽管后来金·皮克通过演讲和社交增强了自信，但是这位记忆超人仍然没有克服这些疾病的折磨。

《雨人》就是以金·皮克为原型拍摄的电影。主角雷曼能够非常轻松地记住数字，记住自己读过的书里的段落，但是却不能正常表达，自己不能点餐，在人多的地方会迷路。尽管这部电影的重点是兄弟感情，但是我觉得里面的那些超强记忆的细节，多少有些向金·皮克致敬的味道。

你可能听过一种论调，说天才不是疯子就是傻子。我第一次听到这种言

论的时候非常气愤，因为我觉得这完全是出于凡人对天才的嫉妒，而且我那时候觉得我也是个天才呀，怎么就不是疯子也不是傻子？后来躁郁症告诉我“天才是疯子”是有一定科学依据的，而类似上面的例子也多有发生，最重要的是，当我高等数学挂科的时候，我就认为我不是天才了。类似的种种事情让我相信，在那些世俗人眼中的弱势群体里，确实是有一部分天才存在的。

因为这世界上有一种病叫做学者症候群。学者症候群，听上去好像是在黑学者一样，但是我其实是想说，得了这种病的人，其实都是天才。对于学者症候群，一般会有几种非常典型的表现，让我来跟你说说啊。

首先，学者症候群的人，一定都有点生理小缺陷。你别管是说话说不清楚，走路走不直，路痴，还是生活不能自理，智力低下，这都是学者症候群的正常表现。甚至有不少学者症候群还是后天受了脑损伤才形成的，原来没什么超能力的，结果被一棍子敲出来了。你想想吧，你走着走着，突然挨了一板砖，醒来之后能把圆周率背到好几万位，或者脑袋咣当撞门框上了，醒来之后能闭着眼睛把贝多芬的代表作一个音符不差地弹一遍，你自己说，这到底是好是坏，是福是祸？这种学者症候群叫做后天性学者症候群，这样其实还好，你还能知道你是怎么变成天才的，不会认为你能达到今天的成就是因为老师教得好。

这些人在平时不展露自己超越常人的才能的时候，你看不出来他们有什么过人之处，相反你还觉得他们看上去并不是聪明外露的样子，做事丢三落四，一句话翻来覆去说不明白，甚至你会认为他们是弱智，是低能儿，但那又怎么样呢？他们的智商可能就是几十的样子，但是他们浑浊呆滞的眼神里隐藏的东西，却是你永远无法企及的。

美国人艾美尔，智商大概在六七十左右，从小就离群索居，与其他人格格不入，童年时跟故事里的爱因斯坦一样，叠个小板凳都费劲。每天生活在被小伙伴们欺负的环境中，连学校都不肯收他。本来他可能会默默无闻地度过这一生，但是有一天，他雕刻了一只小兔子，惟妙惟肖，他的妈妈敏锐地发现原来儿子很喜欢雕刻啊，于是找了老师教他雕塑。说来奇怪，艾美尔经过短时间的学习，水平已经超过老师了。他常常琢磨一会儿，就动手雕刻，出来的作品大家无不拍手称赞。其实上帝为你关了一扇门，一定会为你打开一扇窗户，关键是，你一定要找到这扇窗户。

另外，学者症候群的人，那都必须是天才啊，要是没点拿得出手的特长，那就不是学者症候群，那是弱智。不论是算数能力一流，记忆力超强，还是无师自通能指挥，听一遍音乐就能弹，这都是天才啊，感觉这些人坐在舞台上一定是风光无限，但是舞台下面成名之前他们却尝尽了白眼与嘲讽。这又有什么办法呢，我想这可能也体现出了上帝的公平，他赋予你超越凡人的才能，却夺走了凡人习以为常的东西。你拥有了凡人想都不敢想的荣耀，却丧失了凡人压根就不觉得珍贵的东西。值得不值得，谁能说得清楚呢？

这里我再讲一个例子，英国某位指挥家，这哥们儿从小智商就很低，属于被小伙伴们欺负、戏弄的角色，可是他顽强地生长着，似乎总觉得前面有自己的使命还没有完成。直到有一天，他看到了站在台上的指挥，他就像找到了自己的归宿，于是他开始学指挥，学得很快，短短的时间，其专业程度已经超过了资深的指挥家。这就是天才嘛！

3

介绍了这么多天才，我也为这些造物主的杰作而感到高兴。多么庆幸，能与这些天才们生活在一个时代，看着他们不停地超越人类的极限。虽然他们的事迹惊艳了我们许多人，甚至刷新了许多人的世界观，但是他们毕竟是病人，他们都有病。如果能够让我帮他们选择被赋予超凡的才能但是被疾病折磨，还是做一个健康的普通人，我想我会帮他们选择后者，虽然可能失去那些耀眼的才能，但能换来平淡而没有伤害的生活，所以并不觉得遗憾。虽然这件事情不是我能够做主的，但是我还是希望科学家们能够尽快帮他们找到病因。幸好，科学家们没让大家失望，现在对于学者症候群的研究已经有所进展。

学者症候群的病因不能一概而论，实际上可能每一个病例都有着各自的原因。但是大部分天才都是因为大脑有缺陷，或者某部分受到了损伤，但是却激发了另一部分的潜能，使患者发挥出了超人的才能。

德里克·阿马托，经过医生的诊断，很可能是由于大脑A部分发生了病变，使得B部分不得不被启用，但是没想到B部分的能量大得惊人，也就造就了天才。没听明白吧，来举个例子，比如我们的大脑每天运转就像踢球一样，每个人的大脑里都住着你们学校足球队的替补前锋阿卡罗和梅西，但是我们正常情况下只派阿卡罗出场，所以我们每个人的智力都一般，遇到难题做不出来，遇到长单词背不过。但是有一天，大脑受了损伤，阿卡罗被赶走了，只能每场都梅西出来踢，所以，就展露了极其天才的表现。

背书大王金·皮克更是夸张，他在出生的时候由于头部畸形，使小脑受到损伤，但是更神奇的是，医生一检查发现，他没有胼胝体。胼胝体是连接左右脑的部分，金·皮克完全没有。科学家们推测，可能就是因为没有胼胝体，金·皮克的大脑不得不寻求其他的方式来连接左右脑，而这种方式却使他的记忆力大增。这就好比，本来出去旅游大家都坐火车，但是你买不到票了，但是也不能不去啊，所以你只好换了一种出行方式，谁想到你居然是坐飞机去的，比其他人快了不知道多少倍。金·皮克在现实生活中并没有很严重的障碍，只是有一些自闭，理解能力有点差，这可能也是他大脑损伤后没法挽回的部分了。

说到这里，我又想到了一个跟学者症候群很像的病——高能自闭症。患高能自闭症的，并不一定是智力低下的人，相反他们可能智商很高，但是却患有自闭症，在与人交流方面有着很大的问题。不过另外一方面，他们却拥有着“高能”，有着人们没有的天赋。这好像成了一种趋势，我还是学生的时候，很多长辈都告诫我：“你光智商高不行，你还得情商高。到了大学要多跟人交往，千万不要只学习啊。”以前我一直不明白为什么他们会这样想，现在我知道了，原来他们一直觉得大学里的人都是高能自闭症患者。

说起高能自闭症，就不能不说英国的斯蒂芬·威尔夏。这哥们儿有着酷炫的印第安血统，三岁的时候被诊断出得了自闭症，但是沸腾的印第安血统并不能让他平凡地过一辈子。五岁的时候，他被送到了一家特殊儿童才去的学校，与那些有先天性缺陷的小朋友们一起学习、生活。在这里虽然没有了旁人的嘲弄，也没人欺负他了，但是日子总是无聊至极。

但是在这种乏味的生活中，威尔夏却展示出了他的绘画天赋，老师无意中发现，这个小朋友画啥像啥，是个人才，作为传道授业解惑的老师，一定要好好培养他。于是这位老师不断鼓励他画画，每当他画好了，老师就夸他，奖励他，这使得威尔夏开心极了，从而也对绘画产生了浓厚的兴趣。

后来大家又发现，这哥们儿有点高端得不像话，他不是只有画画好，他的记忆力也好得惊人。对于很多景物他只要看一眼，提起笔来就能画，还能把最细致的地方给准确地画出来。写到这里我不禁感叹，画家们要是都有这能力该多好，那样模特们就不用脱光了在那儿一坐就是两个小时了。

不过威尔夏的兴趣并不是画裸体，他喜欢画城市。十岁的时候，这哥们儿就画出了伦敦的地标性建筑的序列图，着实把周围的人给吓了一跳。他渐渐长大了，并没有走方仲永的老路，反而再接再厉，发挥自己的特长，通过画画不断强化记忆力和绘画技巧。他坐着直升飞机，从伦敦上空飞过，一下飞机，就凭着记忆给伦敦画了幅鸟瞰图。图一出来，大家都吓了一跳，哥们儿不仅把该有的建筑全都给画上了，还把细节画得惟妙惟肖，更恐怖的是，连那些高楼大厦有多少个窗户，都没画错，一般人在飞机上根本就没时间数窗户啊。画完伦敦，他觉得不过瘾，又跳上了飞机，从纽约上空飞了过去，然后回去画出了纽约的鸟瞰图，令人难以置信的是，这哥们儿把纽约数不清的摩天大厦的位置画得完全正确，层数更是一层不差。几年前这哥们儿还来过上海，坐着直升飞机从陆家嘴上空飞过，转过天去就画成了《高空一瞥陆家嘴》，这幅画被制成了明信片，遭到了人们的哄抢。

高能自闭症使患者们性格孤僻，不愿意与人交流，但是却给了他们超人的天赋。但是或许正是因为高能自闭症患者们不愿意与人交往，使得他们不必应付复杂的人际关系，从而可以更加集中注意力去做自己喜欢做的事。高能自闭症患者一般没有智力上的障碍，但是他们性格孤僻，多少有一些语言障碍。不过这个病最重要的是“高能”，每十个自闭症患者中，可能会有一个高能自闭症患者。所以我们就可以理解，为什么武侠小说中的武林高手都那么不爱说话，你看西门吹雪、黄老邪，一句话他不爱听了就动手杀人，从来不废话。以前我觉得他们可能是装酷，现在又觉得可能作者在塑造这些形象的时候，心里就有了一个高能自闭症的雏形。

其实想想，高能自闭症也是一种很酷的病，平时不怎么说话，一拿出绝活就技惊四座，也就是心理学家给他们造了一个“高能自闭症”的名字，听上去是病人，如果让我表妹来评价他们，我都能想到是哪两个字——高冷！

天才们喜欢得的病，除了上面两种，还有一种叫做艾斯伯格综合征。艾斯伯格综合征的发病症状比起上面两种要轻得多，大部分艾斯伯格综合征患者并没有表现得与常人有过大的差异。这种病在天才里面属于发病率比较高的病，当然比感冒发烧的得病率要低得多。

牛顿，可以称得上是理工学渣的噩梦。无数人中学时期被他的三定律搞得痛不欲生，上了大学又被他的微积分折磨得要死要活，我当时微积分挂科的时候，别提有多恨牛顿了。如果你也是跟那时候的我一样，曾是一个被牛顿鞭挞的大一学生，那么我告诉你一件事，或许会让你好受一点：牛顿，被认为也是一直受着一种病的折磨，他患有艾斯伯格综合征。牛顿这哥们儿对于科学的贡献是不可置疑的，任何一个科学家都认为是牛顿奠定了物理学的基础，仅仅看他在科学方面的贡献，不得不承认，这哥们儿简直就是帅爆了！

但是反观其私生活，我们看到的又是另外一番景象。我们课本上把牛顿写得简直逆天，苹果砸一下就想出了万有引力定律，在剑桥大学的沙地上随便写几个公式就发明了微积分，明明自己已经这么牛叉了，还说是站在巨人的肩膀上，还把自己说成是一个在沙滩上捡贝壳的小孩。这么牛的人还这么谦虚，我们简直受不了。这些年我们“堆”牛顿的神话有所收敛，得知牛顿最广为人知的特点就是：人品差。

传纪《最后的炼金术士：牛顿传》中说到，实际上万有引力并不是牛顿一个人发现的，他曾经跟胡克有过频繁的信件交流，得以从讨论中领悟到万有引力的真谛，但是他在自己的著作《自然哲学的科学原理》中将这一成果据为己有，而即便是胡克致信牛顿要求提及一下自己的贡献时，牛顿也断然拒绝。这就有点不太像话，我读研的时候，导师写论文都带我的名字，更别说这么重要的发现，独占不合适吧。后来胡克又指责牛顿的论文抄袭了他的，终于把牛顿惹怒，他当了皇家学会的主席之后，要求把胡克的画像撤下来，导致这一伟大的科学家并没有画像流传至今。

而关于牛顿最有名的公案就是他与莱布尼茨关于微积分创始人之争。事实上，莱布尼茨与牛顿几乎在同一时间发明了微积分，但是莱布尼茨在牛顿发表其成果之前就发表了关于微积分的论文。牛顿就指责莱布尼茨抄袭了他的成果。这听上去非常搞笑，如果说你牛顿先发表了论文，莱布尼茨接着就跟你弄了一篇一样的，那你大可以说他是抄袭你的。可是人家先发表的啊，你又跟着发表了差不多的成果，你说是他抄袭你的，逻辑上就不对嘛。

牛顿除了取得了那些彪炳千秋的成果之外，还常常做出一些匪夷所思的举动，给这位天才增加了不少戏剧化的色彩，这就是艾斯伯格综合征，患有这一病症的人并没有理解能力和文字障碍，大部分还都是文笔极好、理解能力极佳的人。但是他们常常会有妄想和反复行为，不少艾斯伯格综合征患者的社交能力非常差，不懂得社交礼仪，导致其周围根本没朋友。

说了这么多，就是想说，如果你生活在牛顿的时代，恰好又是他的朋友，或者跟他一起搞过什么科研项目，那你一定非常讨厌他。尽管他能取得那么多对人类具有重要意义的成果，但是这哥们儿比较不按套路出牌，很难取得你的好感。

牛顿离我们太远了，他的很多事迹都是我们从书上读来的，可能会有失偏颇，另一方面牛顿的光环实在是太耀眼了，我们没法想象他有艾斯伯格综合征。下面我想说一个我们身边的艾斯伯格综合征的案例，你一听到他的名字，就知道艾斯伯格综合征的症状了，他就是——“谢耳朵”Sheldon!

对，就是《生活大爆炸》中的谢尔顿，他可以说是完美地诠释了艾斯伯格综合征的所有症状。首先，他是加州理工学院的理论物理学家，智商高达187，十几岁就去做客座教授，可以说是个天才。但在日常生活中，他常常用自己的奇葩逻辑把自己的朋友和室友逼疯，并且常常会说出一些令人哭笑不得的话，可见他在交际上存在着极大的困难。另外，他不会开车，常常将家里的一切搞得乱七八糟，可见其生活自理能力极差；他每次敲门要敲三下，在制订室友条例时还考虑着外星人入侵、世界末日等情况，并要室友遵循这些条例，可见其具有严重的妄想和反复行为。我猜《生活大爆炸》的编剧在塑造谢尔顿这一形象时，一定参考过艾斯伯格综合征的症状。

这一节我们仅仅描述了三种诡异的天才，其实拥有诡异行为的天才种类不计其数，我们不可能一一数清。很多时候我们觉得上帝为他们打开了一扇门，却关了一扇窗，而天才也正是因为这些诡异行为而变得更加富有传奇色彩。但是到底怎样才算好呢？就像金庸小说中的扫地僧和独孤求败那样，个个都是一顶一的高手，而且人生中没有犯过什么错误，谦虚低调，没任何缺点，但是这样的角色却只能被膜拜，永远无法成为小说的主角。

你的完美主义太彻底——拖延症

❶

OK，现在开始想一想，你在今年刚开始的时候，是不是制定过好多计划？如果按照你的计划来，你现在已经有六块腹肌，并且写好了两本小说，英语口语已经练到能够跟外国人天南海北侃大山了。可是事实上，现在已经过去一半的时间了，你还一次都没去过健身房，你的小说还没有开头，你的英语口语仍然停留在“你好”“很高兴认识你”这种程度。这一刻，你终于意识到，你的年度计划的好多事情都还没开始。你或许还在悲伤地想，自己在老去的时候一定会后悔自己没有好好抓住年轻的时光做点事情，于是你决定明天开始行动起来，但是到了第二天晚上，你依然没有开始你的计划，就这样日复一日，一年过去了，你的计划仍然没开始，你只好把今年想做的事情推到下一年。

早上一上班，老板让你做一个表格，这可是你的专长啊，整个办公室里制表软件你用得最好，老板显然知道这一点，他这是要给你一个表现的机会，弄不好升职加薪就从今天开始了。你开心地从老板那里接过任务，跑回办公室，打开电脑，诶，等一下，今天的娱乐头条是杰伦大婚啊，从小杰伦就是你的偶像，他今天结婚了，你怎么也得看看都有谁出席了婚礼吧，于是，你打开了网页，开始浏览。不知不觉已经到上午十点半了，你还在兴致勃勃地刷着网页，从娱乐版到国际新闻。哦，卢布又下跌了，于是你想到赶紧找俄罗斯代购买包包啊，机不可失。然后同事们都陆续去吃午饭了，你觉得也忙了一上午了，就跟大家出去吃了饭。吃饭回来，你突然想起了老板的任务，但是感觉好困，于是午休了一下，午休刚醒，前天网购的东西被快递送到家门口了，你打电话给邻居让他帮你去拿一下。放下电话，你突然想到昨天看的电影还不错，但是一些情节还不太明白，于是你又去豆瓣看了一下影评，才恍然大悟。当你这一切都做完的时候，离下班还有半个小时了，你突然想起来老板交代的任务，这时候你觉得不做不行了，于是你疯狂地赶工作，终于在下班前完成了。你把表格交给老板，老板象征性地跟你说不错，但你自己心里知道，这个表格做得只有你平时十分之一的水准。虽然任务完成了，但你心里总感觉不太好。

晚上一下班，你就计划好今天一定要早睡，早睡早起就是养生啊，你要为将来投资。然后你回到家里，吃完晚饭就开始看电视。今天的电视节目好无聊啊，你决定撑到九点就睡觉。八点五十的时候，你突然发现你喜欢的电视节目开始了，于是你临时改变了计划，决定晚一点再睡。十点半，你喜爱的电视节目结束了，可是你觉得意犹未尽，于是你关上电视，又去看了一会儿书，十一点半的时候，你想睡，突然又觉得应该查收一下邮件，于是你打开电脑，登陆邮箱，邮箱里并没有新邮件。你又觉得既然打开了电脑，不如刷一下微博，逛一下淘宝，于是当你这一番工作都做完之后，已经是凌晨一点多了，你拖着疲倦的身子睡去，心里想着，上帝啊，我今天的早睡计划又落空了。

如果类似上面讲的事情真的发生在你身上了，那么恭喜你，你患有拖延症。拖延症，用学术一点的腔调来说，应该被描述为一种非必要的，而且会造成一定有害效果的推迟行为。简单地说，就是你总是把事情放到明天、下一个小时或者下一分钟去做，而当下你对它却总是采取一种逃避的态度。从心理学家的角度来说，拖延症是一个心理调节问题，也就是说，你之所以拖延可能是因为你一时半会儿没有说服自己寻找一种比拖延更好的办法来应对当下要做的事情，所以迟迟不动手。

尽管拖延症叫“症”，但它并不能算是一种病，对于拖延的人，尽管常被称为“拖延症患者”，但是没有人会把他们当成病人。拖延症，往小了说，也就是一种不太好的习惯；往大了说，就是你心里没想开，还不愿意立刻下手。所谓的“拖延症患者”，一般会有如下几种表现：

把可以立刻开始做的事情推迟到后面去做。这是拖延症患者的典型特征。你可以试想一下，当你接到老板的一个任务，或者老师布置的一项作业，本来你可以立刻着手去做，但是你突然觉得好像现在不是开始这项工作的最好时机，但是又不知道为什么会这样想，或许你应该好好谋划一下这件事情该怎么做，这样就不会在做的时候出差错了。总之你不想现在就动手。好吧，既然你心里觉得现在不是时机，那就等一会儿再做吧。这个“一会儿”是多久呢？通常会是很久。你把任务延后的这段时间里，你其实并没有在想怎么把这件事做好或者如你所想给这件事定个计划，反而你会去想其他的事，来让你忘了你还要去做这件事。

做其他的事情，以逃避当下的任务。对于拖延症患者来说，他们无法立刻开始手中的任务，但是他们也不愿意让自己闲着，这与他们的完美主义倾向有关，在下文中将会介绍这种心态。他们不开始自己的任务，但是会找一些其他的事情来让自己忙起来，这样无论是在别人眼中还是在自己心里，这段时间都没有荒废。如果拖延症患者想要拖延当下的事情，那么以前被拖延的事情或者并不太重要的事情都会被拿来做。比如今天你需要写完一份年终总结，但是你并不愿意立刻开始写，你可能在打开电脑之后去浇浇花，擦擦桌子，收拾一下房间等等，把一下午的时间熬过去（浇花、擦桌子或者收拾房间这种事情可能是很久之前被你搁置的计划中的事情）。这样，整个下午你会觉得你做了许多的事，但是你要写的年终总结，还是在那里一字未动。

无法专注于手头的事。对于拖延症患者来说，他们总是有一个还没有完成的任务压在心里，即便他们做一些其他的事情来使自己看上去很忙，但是那件被自己延后的任务在完成之前，常常会被想起，而这样会导致拖延症患者并不能专注于手头的事情，这也就使他们不能很好的地发挥自己的才能，把这些事情也做好。比如我们小时候都有没写完作业就出去玩的经历，你可能希望自己在尽情玩耍时忘记还要写作业这样一件事情，但是你在玩的时候却总是会想起你还有作业没写完，以至无法玩得很尽兴。如果不能专注于手头的事情，那么也就不能做得出色，这也就是为什么大部分拖延症患者都变成了很平庸的人。

当最后期限临近，开始焦虑并疯狂地进行任务。当任务的截止期限临近的时候，拖延症患者终于意识到不能再拖了，如果再拖，可能真的无法完成任务了，现在已经到了非做不可的地步了。事实上，拖延症患者大都是完美主义者，他们也都是比较上进的人，如果不是实在有难度或者这个任务大部分人都无法完成，他们一般无法接受自己完不成任务这样的事情。于是，在截止期限迫近的时候，或者当他们意识到可能无法按时完成任务的时候，他们便开始抓狂，开始疯狂地上手任务，尽管他们仍然觉得此时不是最好的时机。当任务完成时，他们一方面会长舒一口气，享受到了任务完成后的愉悦感；一方面又会觉得懊恼，觉得如果时间再充裕一点，一定会做得更好，这一次显然不是自己的最佳水平嘛。这时候，他们一般会痛下决心，下一次再有这样的事情，一定要早点开始，发挥出自己的最佳水准。当然了，在下一次任务到来的时候，同样的情况将会再一次上演。

常常因为自己的拖延而沮丧。拖延症患者并不认为拖延是一件好事，相反他们认为这很困扰他们。他们常常会下定决心改掉拖延症，他们阅读大量的书籍，借助互联网，甚至会求助于心理医生。他们可能从书籍、从网络上得到了很多改掉拖延症的方法，但是他们并没有真正摆脱拖延症，当任务来临时，同样的情形会再次重演。

如果你发现你有拖延症，那么也没必要太沮丧，因为拖延症在当今社会是普遍存在的，别说我们普通人，就是那些成功人士也有很多都患有拖延症。古人就曾经写过《明日歌》来告诫拖延症病人别什么事情都拖到明天，可见那时候就有拖延症了。心理学家认为，拖延并不是太大的问题，其实它并没有像其他心理疾病一样对你造成各种各样的折磨，有时候还可以短暂地减小你的压力。甚至，绝大部分心理学家并不认为拖延症是一种病。

但是毕竟拖延症不是一个好习惯，谁都知道一件事情越早完成越好，谁也都不想总是被一件事情拖累着。所以有很多人表示自己要克服拖延症，很快，你也会成为其中一员。不过，如果你想克服拖延症，那么你至少要了解拖延症是怎么形成的吧。

当前，“战拖”可是一个很热门的话题，因为我们大部分人都患有拖延症。这个社会上，虽然很多人对别人要求苛刻，但是对自己倒是很宽容，很多事情能过则过，能拖则拖。既然这么多人被拖延症困扰，那么大家一定会对这个讨厌的习惯进行细致的分析，以期找到解决之道。

拖延症的真正成因是什么呢？很多人说，你之所以拖延，是因为你懒！但实际上拖延症患者并不是懒，他们并不是不做事情，相反他们把任务延后的时候，还会找一些其他的事情来让自己显得“不懒”，尽管他们把一件事情延后去做，但他们最终还是做了他们该做的事情，他们也没有期待有人来帮他们做，他们只是不想立刻就做。还有一些人可能觉得是性格问题，慢性子才喜欢拖延，急性子从来不拖延，可是很多急性子也会纠结，遇到难以抉择的情况也都会拖延一些事情，迟迟做不了决定。

要探求拖延症的原因，其实我们可以先探讨一下被拖延的事情都具有一些什么特征。

首先，被拖延的事情大都并不是很紧迫的事情。从紧急程度上来说，拖延症患者所拖延的事情常常都并没有那么紧急，很多人没有重视自己拖延的习惯，就是因为他们只是把不紧急的事情延后去做，对他们的生活影响并不大。其实一件两件这样的事拖到了不得不做的时候再做倒也没什么，要命的是好多件事同时到了期限，这时候拖延症患者会被搞得焦头烂额。比如说你从这个月的中旬就应该交的水费，今天再不交物业就给你停水了，但是你今天必须去交罚单，今天交不上明天可能就无法上路了，你的驾照也正好今天到期了，要去换新的，你信用卡也必须在明天之前还账。这所有的事堆在了一起，让你无从下手。你这时候会想，自己这些天都在干什么，可能你还会沮丧地想，你应该十天前就开始做这些事情的。同样，你下定决心，以后一定不再把自己搞得这么狼狈了，可是不知道为什么，下个月还是这样的情况。

其次，被拖延的事情大多有些难度或有点麻烦。如果事情很简单，任何人都能在五分钟之内完成，那么即便是拖延症患者，他们也会立刻着手，很快做完。然而，当遇到有点难度的事情时，拖延症患者可能就没那么痛快了。面对这样的事情，他们就会陷入我们上面所描述的状态，比如你刚接手一个新项目，有一些复杂的财务程序要走，或者教授留给你一道高难度的题目让你解答，你可能会觉得如此复杂或者有难度的工作，并不应该立刻草率地开始，当前这个时刻过于普通，不是开始这项工作的最佳时刻，应该等一下，但是在等什么呢，你心里也不知道，可能还需要好好准备一下吧，于是你把这件事情放下，去做其他的事情，直到期限马上就到了，你才匆匆去做这个任务。

被拖延的事情大多都有上述两个特点，它们有些难度，可能有那么一点点让人望而生畏，但是它们又不是生死攸关的大事，又没有到非得现在做不可的程度，现在不做也不会产生什么不好的影响。比如你家的水电费，你要坐半个小时的车才能到达收费点，但是你有十五天的时间去做这件事，你为什么要现在去做呢？就是因为具有这样的特点，所以好多这样的事情被拖延下来了。

那么即便是遇到上面这样的事情，也不一定非要拖延啊，早做完不是早解脱嘛，何必要拖延呢？拖延症患者之所以拖延，最主要的原因在于，他们都是完美主义者。完美主义者？那不是处女座吗？你可不能认为全世界就只有处女座的人才是完美主义者，那样的话全世界就只有十二分之一的人类拥有拖延的可能了，而实际数目远大于这个数字。其实我们每个人都多少具有一点完美主义倾向，谁不希望自己事情做得好啊，但是当我们过于追求完美的时候，可能会出现一些问题。

因为是一个完美主义者，所以拖延症患者一直惧怕失败。当需要他们做事情的时候，特别是当这件事情还有点难度的时候，他们会觉得在做这件事情之前必须要做好充分的准备，考虑清楚才能着手去做。他们也觉得自己是一个能力极强的人，所以这件事情必须要有一个好的开始、好的过程和好的结尾。这种追求完美的情结，使得拖延症患者在开始做一件事情的时候，总是在等待一种“万事俱备”的状态，他们希望这件事情在天时、地利、人和上都有利于己，这样就不可能失败。他们相信自己一旦出手，事情就应该圆满地解决，但实际上，哪有什么万事俱备的状态啊，对于一个完美主义者来说，任何时候开始，都感觉“缺点什么”，所以他们干脆就选择不开始。

达尔文当初对于物种的起源做了20多年的研究，但是迟迟没有着手整理自己的成果，直到年轻的华莱士将自己的论文拿给达尔文看，他才发现原来别人已经取得了与自己相同的成果，才匆匆忙忙地开始写《物种起源》。

当今拖延症如此普遍，也与人们的生活节奏变快，人们的生存压力越来越大有关。人们想跟上社会快速发展的步伐，但是却担心自己会出错，作为一个完美主义者，自己出错是不能容忍的，而在他们看来，仓促地开始肯定会出错的。在他们每次下定决心开始做一件事情的时候，他们就开始担心自己可能会在这个过程中出现差错，而不出错的最好方法就是不做，这样尽管事情还没有进展，但是至少自己没有出错，你心里可能会这样安慰自己：我之所以没有完成这件事情，不是因为我智商不够或者能力有问题，只是因为我没有去做，如果当时我去做了，那么一定可以完美地完成任务。其实，我还是一个很有能力的人。

很多时候，拖延症患者不能接受自己能力有限这样的事实。但事实是，我们每个人的能力都是有限的，不可能毫无瑕疵地搞定所有事情，但是拖延症患者并不这样想，他们认为自己无所不能，但是在遇到事情的时候又会低估自己，认为自己在处理事情的过程中肯定会出现问题，所以一定要小心翼翼。在这种矛盾的心理状态下，他们采取了逃避的态度，并不立刻开始处理事情，而是先等等再说。

因此，与其说拖延是一种心理疾病，倒不如说拖延是一种应对压力的策略，拖延症患者不承认自己能力有限，又不敢证明，索性选择不面对挑战。

如果说拖延是一种策略，这种策略带给拖延者的可能不是什么好的结果，乍一看觉得好像拖延让拖延者的压力没那么大，而且还能退一步让他们能够缓解矛盾的心理。但是实际上，拖延带给拖延者的更多的是心理上的折磨。拖延症患者将本该当前就处理的事情延后时，他们也并不想闲着，他们会去做一些其他的事情，让自己好像“很忙”，可能老板交给你任务之后，你并没有立刻着手去做，而是先把电脑的桌面清理了一下，然后浇了浇你办公桌上的绿萝，擦了桌子，尽管不想立刻去做老板吩咐的事，但是你也不想傻坐在那里什么都不做，你想告诉自己这段时间并没有被你浪费。如果你找了一些令你开心的事情来打发时间，比如打游戏、听歌，你会发现，在你娱乐的时候你心里一直想着那件没有处理的事情，你并不能很好地享受这些东西带给你的快乐。拖延尽管是一个逃避压力的策略，但是它也抵消掉了你的快乐。拖延只是将我们内心明知道不得不做的事情延后去做，尽管好像多出了一些我们可以自己支配的时间，短时间内确实使我们轻松了一些，但是本质上也无法消除我们的压力。

❸

既然拖延并不能从真正意义上消除压力，那么拖延其实是一种无谓的事情，还可能会降低任务完成的质量。所以，克服拖延，就是一件很有必要的事，下面将教你如何摆脱拖延，做一个雷厉风行的人。

首先你要明白，你所拖延的事情，最终还是要做的，尽管它看起来有些复杂或者有点难度，但是不会因为你拖延就可以不做。

明白这个道理之后，你就应该知道，不管是现在做，还是两天之后再做，你都无法逃过这件事情。而将事情拖延的后果就是，你常常无法按你想象的方式完成这件事情。你可以回想一下，很多事情并不是你做不好，而是你没有去做，尽管你已经经历了一些失败，但是你并不将它归咎于你的能力不足（相反你认为你完全有能力搞定这件事情），你认为失败的原因在于你没有很好地规划做这件事所用的时间，导致事情没有做好，你心里认为假如你能够一开始就投入进去，时间规划得很合理，那么你就可以把这件事情做得很好。可是令你沮丧的是，每一次你都无法将时间规划好，每一次你都会拖延，无法一开始就投入进去。你内心觉得，因为拖延而没有很好地完成任务并不是一件让你丢人的事，能力不足才是一件让你难堪的事，久而久之，你也就无法完全发挥你的能力，只能靠这样让人笑掉大牙的逻辑安慰自己。

第二，你不必等到万事俱备再开始。拖延症患者常常寻求一个好的开始，其实对于一件事情来说，最重要的并不是你以什么样的方式开始，最重要的是你有没有开始。

很多拖延者拖着任务迟迟不开始的原因是，他们认为当前不是最好的时机，他们认为一天以后或者一小时以后才是最好的时机，他们认为需要所有的前期工作都做好了之后才能开始任务，这可能需要一些准备，所以现在不能开始，应该花时间准备一下。但是在他们等待所谓的最好时机的时候，并不会去为这件事情做准备，相反他们可能做一些与这件事情无关的事，以消磨等待的这段时间。

所以，立刻行动吧，不用等到万事俱备了再开始做一件事情，可能你也已经感觉到了，在现实生活中很少存在那种万事俱备的状态，不论你什么时候开始一件事情，你都不会认为这是最好的时机。如果当下的环境不能成功，那么任何时候都不能成功。但凡能够取得大成就的人，都有一种赌性，他们不会等到时机成熟了再行动，因为等到时机成熟了，所有人都会行动。马云创业的时候，没有什么人知道互联网是什么东西，更别谈电子商务了，现在电子商务倒是炙手可热，创业的条件已经很成熟。不过现在创业做电子商务成功的概率极小；俞敏洪创业的时候出国留学刚刚兴起，今天出国留学已经成为潮流，但是有哪家刚刚创立的英语辅导机构能做得过新东方？行动起来吧，你迈出第一步的时刻，就是最好的时机。

美国南北战争时期的将军乔治·布林顿·麦克莱伦就是一个总是等待“最佳时机”的人，在打仗的时候，他总是踌躇不定，希望寻求最佳时机发起进攻，因此错过了很多战机。他常常以“准备不充分”为理由拒绝总统发起进攻的命令，由于在指挥中犹豫不定，还错失了全歼南方军队的机会。这样的性格使他最终失去了军界的信任，被解除了军职。由此可见，这种“等待最佳时机”的心态，往小了说，可能会导致我们拖延；往大了说，可能会影响一个人的前途甚至是历史的进程。

第三，你不需要做完美主义者，世界上没有完美的人。

拖延者难以下决定，难以开始，往往是因为他们的完美主义在作祟。

拖延者在难以做决定的时候，其实已经做了一个决定，那就是不做决定，而相对于任何决定，不做决定都是最糟糕的决定，因为这表示你已经放弃了控制自己的权力。当拖延者无法选择在什么时候开始的时候，其实他们已经选择了不开始。实际上，无论在什么时候开始，都比不开始强得多。人生并不长，很多机会和时间都在这些犹豫和踌躇中浪费掉了，与其选择被生活所控制，不如自己掌控自己的人生。所以，不论对错，一定要快点做出决定；不论好坏，一定要快点开始。一个错误的决定，也比犹豫不决强得多，错误的决定还有改正的机会，而犹豫不决只能折磨你的身心。

对现状不满、希望明天会更好的态度是好的，但是过于苛求完美却是一种病态心理。不要试图做一个完美主义者，这样的人生是很累的。追求完美本来就是一种矛盾的心理，完美主义者一方面想要达到自己满意的程度，一方面又不能欣赏自己的成就，他们只会对已经做好的事情吹毛求疵。追求完美的态度是好的，但是苛求完美就是一种病态心理了。

达·芬奇就是一个完美主义者，这使得他的创作速度非常慢，他的《蒙娜丽莎》画了四年，《最后的晚餐》画了三年，这在当时严重影响了他与客户的关系。他临终前留给人们的传世画作只有二十幅左右，而更多的则是他没有完成的手稿和隐藏在手稿里的那些天才的想法，这些都成为了达·芬奇，甚至是全人类的遗憾。

行动起来吧。其实人的心理存在一种惯性，当一件事情已经开始，那么人们通常会一口气把它做完，但是如果一件事情被拖延，那么人们就倾向于一直将它拖下去。因此，一件事情如果能够很快地开始，那么就极有可能被很快地完成；如果一件事情开始就被拖延，那么就很有可能被一拖再拖，迟迟不能完成。

所以，从今天起，如果你觉得你可以比现在做得更好，那么就行动起来吧，做一个不再拖延的人。

第六章

精神感冒了

有人身体受凉感冒了，我们觉得他只是得了小病，可是有人精神感冒了，我们却觉得他得了大病。

——题记

我的哥们儿贾仕龙喜欢对面楼里住的一个姑娘，他每天晚上都躲在窗帘后面，偷偷地看她。这件事情让他很羞愧，觉得偷偷摸摸不是大丈夫的作为。

后来有一天，警察找上门，告诉他对面楼里的姑娘长期偷窥他，还在她家里搜到了高倍望远镜、高清摄像机和数不清的贾仕龙的生活照。

我只有，一天的回忆——苏萨克氏症候群

❶

林瑛是我们话剧社的台柱子，长得漂亮，演技一流，而且声音非常有穿透力，每次话剧演出都少不了她。作为一个非常有天赋又很努力的演员，她既是话剧社的骄傲，又是大家的榜样。

由于她的专业水平和无比敬业的态度，所以大家都爱找她演出，有时候她可能会从一个话剧下来接着再去另一个，这种连轴转的演出频率不仅是对她记忆力的考验，还是对她身体承受能力的考验。尽管很累，但她却乐在其中。所以大家几乎看不到林瑛有什么娱乐活动，她一直在背台词，背剧本。

不光背剧本累，林瑛还在强迫自己减肥。其实她的身材已经属于偏瘦的类型了，但她还是保持着过午不食的习惯。尽管她非常喜欢这样的饮食模式，但是她的身体却对这种行为做出了抗议。林瑛最近总是感觉头晕目眩的，不过对她来说这传递了一种信号，那就是她的体重正在不断地下降。

这种状态持续了一段时间之后，林瑛的身体终于扛不住了。她在一次话剧表演时，在舞台上突然晕倒。大家开始以为这是剧本里的情节，还纷纷为林瑛的敬业精神所感动——这一下摔得很瓷实，一点都不像演的。

后来导演发现剧本里根本没有摔倒的情节，林瑛也不是一个喜欢在舞台上自由发挥的人。然后他意识到事情不对，赶忙从后台跑出来，发现林瑛是真的晕倒了。

于是，大家手忙脚乱地送林瑛去了医院。医生给林瑛做了检查，发现她就是节食过度加劳累过度，身体吃不消了而已。倒是晕倒的时候摔得那一下，不敢说有没有问题。大家听了都如释重负，纷纷表示摔一下肯定没大碍，作为一个演员谁没有一天摔几次的经历啊，这点抗击打能力还是有的。

林瑛醒过来之后，立刻就要求重返舞台，大家纷纷表示你都累成这样了就赶紧休息几天吧，别再折腾自己了。于是她很不情愿地在家休息了几天，然后以最快的速度宣告康复，重新登上了她所热爱的话剧舞台。

终于又一次轮到林瑛出场了，她站在舞台上，突然发觉自己根本不知道该说什么。按道理说自己昨天应该已经背过台词了，但是不知道为什么，此时自己脑子里一点印象都没有了。她快速地回忆昨天自己都在干什么，居然完全想不起来了！她惊恐地发现，自己已经丧失了对昨天，甚至对昨天之前发生的所有事情的记忆。但她记得自己早上开着车来到剧院，来到朋友们身边，准备表演话剧。观众们对于林瑛的异常表现也很吃惊，他们惊讶地看着林瑛慢慢地走下舞台。

林瑛不知道自己为什么突然失忆，朋友们也过来安慰她说可能是最近太累了，好好休息一段时间就可以了，就是背了太多的台词，电脑存太多东西都会崩溃，更何况是人脑，这样也好，趁现在大脑清空了，好好放松一下吧。她沮丧地回到了自己的住处，好好地洗了个澡放松了一下，还约了朋友第二天去逛街，然后倒头就睡。

第二天早上，她的电话响了起来。她拿起电话，是一位朋友，说昨天约好了一起逛街，但是林瑛却完全不记得有这么回事。她放下电话，猛地坐了起来，她发现自己完全不记得昨天发生的事情。她知道自己曾经经历过昨天，但是她却完全不记得昨天发生了什么。作为一个记忆力超强的话剧演员，此刻她的大脑关于昨天发生在自己身上的事情的记忆却是一片空白。

陆敏是一位非常有天赋的画家，别看他年纪轻轻，已经举办过几次很有影响力的画展了。尽管他的作品引起过很大的争议，但是连业内大咖都不得不承认他拥有常人无法企及的才华。

陆敏拥有一个很大的画室，他喜欢把自己得意的作品挂在画室里，一来有助于激发自己的灵感，二来可以时时鼓舞自己取得进步。陆敏还是一个非常认真细致的人，他每画好一幅画，都会将自己当时的心情，画这幅画的手法以及想要表达的意境记下来，他常常会拿出这些本子翻阅，体会自己当时作画的心情。

在一个周末的下午，陆敏有事外出，回来的时候突然下起了暴雨。对于他这种惜时如金的人来说，肯定不会等到雨停了再回家，于是他冒着雨回到了家里。尽管浑身都湿透了，但是夏天的高温还是让人窒息。他打开空调，躺在了客厅的沙发上，不知不觉睡着了。

当他醒来的时候，已经是半夜十二点多了，他觉得自己的头隐隐作痛，但是他并没有将之放在心上，因为任何一个人被淋成落汤鸡，然后再对着空调吹都会感到不适的。他翻了个身，又继续睡去了。

不知过了多久，他终于醒了过来。虽然身上已经干了，但他隐隐觉得身上酸痛，耳根也嗡嗡地响了起来。陆敏觉得头疼得不得了，他使劲摇了摇头，起身去浴室洗了个热水澡，然后走进了画室，想要开始自己的创作。

陆敏冲好了咖啡，坐在画板前，这时来了一个电话，是他的经纪人，说有人要出高价买他的一幅作品《希望》，请他下午出去跟客户坐坐。他放下电话，在画室的墙上找到了那幅《希望》，他盯着自己的这幅作品，突然觉得非常陌生。不对啊，他站起来，仔细地盯着墙上的这幅画，没错，画上的署名就是自己，但是，他却记不起来自己曾经画过这幅画了。他不确定这幅画是出自自己之手，他也不知道到底该怎么去解释这幅画的意义以及手法。

这时候他拿起了桌子上的一个本子，翻开，看到这个本子上写满了画画的手法和体会，这是他当时画画的时候留下来的，但是他完全不记得自己曾经记过这件事情，他甚至怀疑这个本子上的东西根本不是自己写的。

突然他的手机响了，他接起电话，电话那边是杰克，杰克说今天他们两个约好上午十点钟在咖啡厅见面，现在都已经十点半了，为什么陆敏还没出现？陆敏感到非常奇怪，他不记得自己认识杰克，他也没记得他跟谁约好了要在咖啡厅见面，这到底是怎么回事？为什么今天无缘无故地出现了这么多的事情？

陆敏坐下来，将咖啡一饮而尽，想让自己清醒。他努力地回忆昨天发生的事情，突然他发觉，自己什么都不记得了。他完全不记得睡觉之前的事情，他的大脑抹去了十小时之前发生的所有事情。

2

这两个可怜的人无缘无故地失去了自己从前的所有记忆，这听起来好像一个文学比喻，又像是一个童话故事。但这真不是跟你逗着玩，世界上真的存在这样的人，他们不记得自己以前的事情。我第一次听说这件事情的时候也是不信的，不过后来见识到这种心理疾病之后，我还是信了。

我非常喜欢一部电影，叫做《初恋50次》，讲的是情场高手亨利在前往阿拉斯加研究海象生活的时候，在一家咖啡厅里邂逅了一个名叫露西的漂亮女孩，并对她产生了好感。于是他使出情场高手的浑身解数，终于用了一天的时间把露西拿下，成为了她的男朋友。可是到了第二天他们再见面的时候，露西却完全不认识亨利了，好像他们原来就是陌生人。亨利开始还觉得这是露西故意的，想不到看起来这么可爱的小姑娘还挺会玩的，于是亨利每天都追求露西，但是不管当天他们如何亲密，露西仍然是到第二天就不认识亨利了。甚至在他们滚完床单之后，露西第二天早上醒来看到躺在自己身边的亨利，还会抓狂。亨利这才发现，事情不太对。

后来，亨利通过周围的邻居和朋友了解到，原来露西得了一种非常奇怪的病，她只有不超过二十四个小时的记忆。不论前一天做过什么，第二天都会统统忘记。听到这个消息之后，亨利没有露出渣男本色，一走了之，而是留了下来，每天用不同的方式追求露西，以这种感人的方式结束了这部电影。

我一直觉得我的记性差，想不到导演竟然将想象力发挥到了极致，勾画出了这么一个人来。自从看了这部电影，我就觉得非常庆幸，我还能记得一个星期前班长找我借的钱还没还这件事。本来觉得这部电影就是导演玩个票，谁知道现实中真的有这种病，这种病叫做苏萨克氏症候群。

苏萨克氏症候群的典型特征就是，患者只有不超过二十四小时的记忆。我们常常听到“鱼只有七秒的记忆，可以忘掉所有的忧伤”的说法，感觉好像很文艺，好多人也想这样“没心没肺地活着”。但是在现实生活中，就算你是文艺青年，别说你只有七秒的记忆，就是只有二十四小时的记忆，你都会觉得痛不欲生。

大多数苏萨克氏症候群患者并不是所有的记忆全都被抹去了，他们有时候会“选择性遗忘”，但这种选择性遗忘却是一种无差别遗忘。比如很多患者虽然忘了从前所有的事情，但是他们并没有忘记自己是谁，并没有忘记父母的样子，也没有忘记自己的语言，自己的家。这种遗忘的选择性在科学上是很难解释的，这就使苏萨克氏症候群显得非常神秘，如果你跟一个爱装腔作势的心理医生探讨这个问题，他一定会告诉你：“大脑是我们了解得最少的部分，以现在的科技水平想要理解大脑的运作真是不自量力。”

美国的露丝是一位苏萨克氏症候群患者，她只有一天的记忆。这可能是一个好的电影题材，但是作为一个学生，得了这种病无疑是一种灾难，一天的记忆导致她无法掌握任何一门课的知识，起初她把这些说出来的时候，她的父母以为这是她不想去学校的理由，差点动手揍她，但是时间久了，他们发现露丝并没有说谎，这小丫头不光记不住课本上的事，还把很多生活中的事都当作没发生过。她的父母经过理性分析，觉得自己的女儿没有那么好的演技，平时撒个谎都很容易被拆穿，不可能假装得那么像，估计真的记忆不超过二十四个小时。后来他们赶紧去找医生，医生诊断后发现，这小姑娘患了苏萨克氏症候群。

苏萨克氏症候群的症状是非常多样的，不仅仅是前面的记忆一股脑抹去这么简单，还有一些非常神奇的症状。有时候大脑会显得非常懒，它甚至不愿意把记忆全都抹去，它会根据自己的兴趣把一些记忆抹去，把一些记忆留下来。比如有的患者只是区间性遗忘，他们会忘记特定日期之后的记忆，或者忘记两个时间点之间的所有事情。总之大脑是个非常任性而且调皮的小朋友，时不时地它就会丢掉一些记忆以减轻负担。

英国的珍妮奶奶，自从1992年12月1日不小心从楼梯上摔下来，她的记忆就没有再前进，一直都在原地踏步。她会一直认为今天就是12月1日，这一天从早到晚发生的事情，不管多么有纪念意义，不管多么神奇，她都只记到睡觉前。她的记忆非常任性，当她每天早上起床的时候，会认为今天就是12月1日，然后度过这一天，晚上睡觉的时候会忘掉这一天发生的事，第二天早上起来会把这一天继续当成12月1日，然后继续度过这天，晚上睡觉再把这天发生的事情忘掉，继续再过12月1日。尽管珍妮奶奶已经被诊断出了患有苏萨克氏症候群，但是周围的人都不会去告诉她今天的真正日期，因为我们并非生活在一个非对即错的世界里，大家都会配合珍妮奶奶，让她继续在自己的的世界里生活。

苏萨克氏症候群是一种非常罕见的心理疾病，目前世界上只有200多例，很多人一辈子都见不到一例。作为跟大脑打交道的人，心理学家和神经学家对于这种现象早已见怪不怪了。大脑是一个无比精确的组织，无论哪里稍有差池，都能把人好一顿折腾。得了苏萨克氏症候群的人也确实够闹心的，他们可能会失去一些珍贵的回忆，不过还好，他们一觉醒来，就会连自己有这种病也忘记了。

3

目前苏萨克氏症候群的病因尚未弄清，只是知道大脑有了损伤。有时候人类会非常郁闷，任由一些疾病折磨着我们，却无能为力。苏萨克氏症候群的病因不明，也就没有好的治疗手段。但是人类是从来不会被这些事情所打倒的，对于这种不可名状的心理疾病，我们还是找到了一些方式来改善病人的情况。

很多心理医生会提醒苏萨克氏症候群患者记日记。通过日记将自己的日常行为记录下来，将来忘了自己有没有做过一件事情，可以通过日记进行回忆。这种方法很机智，但有个弊端，很多人喜欢粉饰自己的行为，在日记里把自己写得非常伟大和正确，如果恰巧这人有苏萨克氏症候群，说不定还真得相信。不过在失忆这种灾难性的缺失面前，人性就显得不那么重要了。

心理医生在为陆敏进行治疗的过程中，发现陆敏一直有记日记的习惯，所以就鼓励陆敏利用以前的日记对自己所做的事情进行回忆，并且鼓励他继续记日记。尽管作为一个艺术家，陆敏记日记的手法略为感性，但却都是非常客观的。他逐渐通过日记了解了过去的自己。很多事情即便是想不起来，只要写在日记里了，他就选择相信。陆敏因此重新获得了大部分的记忆，尽管他患了这种怪病，但是对他生活的影响被降到了最低。

相比之下，林瑛的治疗方案偏重于记忆的恢复。心理医生让林瑛做了大量的记忆训练，不过效果甚微。因为林瑛的短时记忆是非常强的，但是不论当天的事情记得再清楚，第二天醒来都会忘记。记忆恢复只是强化了她的短时记忆，对于长期记忆并没有什么帮助。后来心理医生改变了治疗方式，他要求林瑛记日记，将自己每天做的事情记下来，以期能够帮助她找回自己的回忆。然而林瑛并不喜欢这种方式，因为她没有记日记的习惯，开始的几天，她记得非常详细，但是这又占用了她过多的时间，后来她记得非常简单，但是当她记忆消失的时候，她看到这些简单的文字又不会想起那些事情。这让心理医生很头疼，正在积极为她寻找更加合适的治疗方案。

最后我想以一个故事结尾。它可能不是苏萨克氏症候群，但是它与记忆有关。

约翰爷爷已经七十多岁了，他得了老年痴呆，已经忘了所有的事，每天都由珍妮奶奶陪着他到处散步。可是人们发现约翰爷爷不论刮风下雨每天都带着伞，而且他们两个每天都只去镇上的公交车站站牌下坐一会儿。

好奇的年轻人就去问珍妮奶奶，她和约翰爷爷为什么每天都只去那一个地方，约翰爷爷为什么每次都带着伞？

珍妮奶奶说：“这要从我们谈恋爱的时候说起，那时候这里还不是公交车站，这里还是个公园。我们每天都在这里约会。后来有一次，我们约会的时候，突然下起了大雨，我们两个都没带伞，只好淋着雨回家，那时候我身体很不好，回家就病了，一病就是好几天。这件事令约翰非常懊悔，从那以后，我们每次约会他都带着伞，直到我们结婚！”

年轻人说：“约翰爷爷真是个体贴的人啊！”

珍妮奶奶继续说：“后来他得了病，已经不记得原来的事情了，可是每天早上他都说‘外面下雨了，珍妮没带伞’。开始我和儿女们都不知道他想干什么，后来我想起来了年轻的时候的那件事，原来他忘了所有的事，只是还记得我淋雨会生病那件事。开始他每天在家里坐立不安，后来我带着他出来，他仍然每次都拿着伞。想不到他经历了那么多大风大浪都没有记住，竟然还记得五十多年前的这件小事。”

心灵沟通很重要——失语症

❶

1990年夏天，罗姆村附近山洪暴发，导致山体滑坡，数千人流离失所。当这场灾难过去之后，村民们纷纷走进废墟，拯救自己的同胞。救援工作并不顺利，尽管政府和相关部门已经尽最大的力量进行救援，但仍然有不少人下落不明，这使得情况非常紧迫。

就在第一天救援即将结束的时候，救援人员从一处倒塌的房屋下面找到了一个受伤很重的人。被发现时他正处于昏迷状态，但是仍然有呼吸和心跳，他可能不是罗姆村的村民，因为村民们都不认识他。不过在这种情况下，救出一个是一个，于是这个人立即被送往医院进行治疗。

在重度昏迷两天之后，这个人终于醒了过来。医生见他醒来，让他稍作适应之后，便开始询问他的信息，以便做登记。但是在做登记的时候，医生发现了一个很大的问题——他不会说话，即便是开口说话，说出来的也都是一些不连贯、没有意义的词语。

院方认为可能是他的语言器官在事故中被损坏，导致了表达的障碍，于是便将他转入后方医院，继续进行深度治疗。在后方医院里，医生经过一系列的检查，发现他的语言和发音器官完好，应该能说话才对。医院推断可能是他在这次事故中心理上受到了打击，从而拒绝开口说话。于是院方派出心理专家，对其进行疏导。

心理专家与其交流之后，发现了一个很奇怪的问题：这位病人心理状态很好，并没有因为灾难而恐慌，也能听懂别人讲的话，甚至能很好地理解，也很有回答问题的欲望，不过奇怪之处在于，每当他想要与人交流时，他都无法说出任何有意义的词语。而当专家们向他提问的时候，他能够通过点头或摇头进行回答，这说明他的理解能力没有受损，神智也非常清醒。当医生问他在山洪爆发前是否拥有语言能力时，他疯狂地点头，好像连他自己也不相信自己的语言能力居然退化到这种程度。

院方最终向警方求助，通过警方的数据库查到了这位病人的真实身份。原来他是来自另外一个城镇的游客汉克，不远千里到罗姆村找朋友，还没有找到朋友就遭遇山洪。汉克的家人表示，在汉克来罗姆村之前，他是一个销售代表，口才非常好，理解能力和交流能力都是一顶一的棒。汉克来到罗姆村经历了山洪之后，却莫名其妙地丧失了语言能力。

目前汉克已经转入家乡的医院进行治疗，医生根据汉克的情况，对其进行了语言恢复训练，效果还是很不错的。现在汉克说起话来虽然不像之前那样标准流利，但是基本上能够完整地表达自己的意思，但他仍然会出现一些语法错误和用词不当，不过生活又不是考试，这些小错误也没有什么大的障碍。目前汉克正在积极配合医院的治疗，以期能够早日恢复。

周通在一次游泳的时候不慎溺水，被救起的时候已经昏迷不醒。大家对他进行简单的急救之后，将他送往医院进行治疗。由于急救方法得当，并且很及时地被送往医院，周通并没有什么大的危险，经过医生的诊治，很快周通就醒了过来。

大家看到周通醒了过来，都松了一口气，有人还跟他调侃多亏我们救了你你才保住了性命，出院之后一定要请客等等。大家在谈话的同时，并没有留意到周通疑惑的表情。整个过程中周通一句话也没说，大家当然理解，刚从死神那里做客回来，怎么不得缓几天啊。

大家走了之后，周通躺在床上思考了很久。这时候护士走进了他的病房，问他："怎么样，好点了没有啊？"

周通说："根据厉害台风简报，只要城市最高的点俯瞰下来就能成为一个实证。"说完之后，他还调皮地冲着护士微微一笑。

护士非常奇怪，觉得这个病人刚醒过来就说一些莫名其妙的话，看来还没好，得继续住院观察一段时间。

第二天，周通的朋友来看他，看到周通躺在病床上非常可怜，于是问他："通哥，你有啥想吃的不，哥们儿给你买去。"

周通抬起头来看着他，说："在大江里游泳的时候，一定要警觉，不能把泳衣丢到一边，有时候是很吓人的，我就是鞋子抽筋了，才会没有游到水面上来。有一段时间了，我学习游泳，是很棒的，不过还是一样溺水。"

旁边的人都没明白周通是什么意思。周通的哥们儿小赵以为周通跟他们闹着玩呢，于是对他说："你丫现在说话怎么答非所问啊，是不是水不光进了肺，还进脑子了？"

旁边的护士听到了，对他说："别胡说，现在病人的身体还没有恢复得很好，不能说太多的话，别问他太多的话。"

于是他的朋友们都表示等他好一点再来看他，然后纷纷离开了医院。中午吃饭的时候，护士问周通能不能自己下床吃饭，周通说："本着和平原则，应该起到相应的意义。"

护士也被他整蒙了。联想到周通前面的怪异举动，她觉得周通可能并没有溺水那么简单，可能还引发了其他的病症。于是她将这件事情上报给了医院。医院也从来没见过这种情况，于是组织了专家会诊，经过测试，医生们终于发现了周通的问题。

周通听不懂别人说话。每一个词他都能理解，但是他却无法理解句子。比如分别对他说“我们”“一起”“吃饭”，他能理解每个词的意思，但是如果对他说“我们一起吃饭”，他就不知道是什么意思了。他的语言器官虽然没受到损害，也能够流利地表达，但是他的表达也存在着很大的问题。一方面由于他不能理解别人的话，导致他回答问题从来都是答非所问，另一方面，他的语言缺乏基本的逻辑和语法，让人很难理解，并且会出现很多的错词和自己造的词。

2

上面这两位哥们儿平白无故痛失良好的口才，令人惋惜。他们俩一个能理解别人的话，却不能说出自己的想法，另一个能说话但不能理解别人的意思。这都是失语症的症状。失语症是一种由于大脑损伤，导致语言障碍的疾病。失语症患者与聋哑人的区别在于，他们的语言器官并没有受到损害，只是大脑中控制语言的那部分出了问题。简单地说，就是说话的工具一样没坏，就是忘了怎么用了。

失语症的类型有很多种，现在发现的至少有七种以上。他们分别以各种各样的方式困扰着失语症患者，不能不说是一种非常讨厌又棘手的病。

最常见的失语症是运动性失语症，这种失语症的表现是，能听懂别人说的话，能理解别人的意思，但是却不能表达自己的意思。运动性失语症患者有的不能说话，有的虽然能说话，但是在与人对话交流中，语言不符合逻辑，而且常常缺少连词、介词等词语，让人无法理解。他们的大脑无法协调发音器官，还会导致说话含糊不清，缺少感情，像读课文一样让人昏昏欲睡。汉克就是典型的运动性失语症患者，他的理解能力完全没有受损，而且也有与人沟通的欲望，但是却无法随心所欲地表达。即便在接受了语言恢复治疗后，在语言中也总是出现错词、漏词的现象，不再像原来一样流利。

感觉性失语也是一种比较常见的失语症。感觉性失语症患者不能理解别人说的话，但是他们的流利表达的能力并没有受损，尽管他们说出来的一些话都是没有意义的，但是绝不存在表达困难的症状。不过理解能力差到这种程度，说话再流利也没有什么意义了，他们说出来的只是一些让人难以理解的句子。感觉性失语症患者并没有丧失语言能力，只是他们的理解能力出现了问题，他们会把一些词语和句子理解成其他的意思，说话跟加了密似的，不知道的一听还以为是在说什么暗语。周通得的就是一种感觉性失语，他没法理解护士和周围朋友的话，并且还说出一些让人摸不着头脑的话。

完全性失语症就是一种比较严重的失语症了，完全性失语既无法理解别人说话所表达的意思，又不能流利地说出自己的想法。这就使得患者无法通过语言跟外界进行交流。完全性失语症的病例是非常少见的，曾经有医生试图利用画图或者手势跟完全性失语症患者进行交流，但是效果都不是很好。

命名性失语症患者存在着用词不当的问题。他们在说话的时候总是选择一些不恰当的或者错误的词语。比如患者在想要吃饭的时候，会说“我要睡觉”；在与别人争论，或者想要表述自己的想法时，他总是会说“别打了”；而他催促某人快一点的时候，却会说“从树上下来”。小伙伴们遇到这种情况总是迷茫地看着他，不知道他在说什么。

命名性失语跟口误是不一样的，对于一个问题，由于口误给出的答案其实是符合逻辑的。比如朋友说：“今天我付账吧！”你心里会想：“太好了！”但你嘴上得说：“不不不，我来吧！”要是你脱口而出“太好了”，这就是口误。而命名性失语症患者一般会给出“小鸟在树上”这种无厘头的答案。

丘脑性失语就稍微好一点了。患者的理解能力没有问题，也能准确地表达自己的意思，但是声音非常小，要凑到他们面前才能听清楚。当然了，这跟很多人在自己女神面前说话声音小是两回事，这些人在打游戏骂队友的时候声音可大着呢。丘脑性失语症患者说话声音小并不是因为害羞或者胆怯，他们就只有这么大的声音。

传导性失语是一种让患者极其郁闷的失语症。患者不能准确地复述，不能准确地阅读。简单地说，就是你让这哥们儿把《白杨礼赞》给你读一遍，但是他拿着《白杨礼赞》的文稿，兴致勃勃地给你读了一遍《海燕》，听上去是不是很奇葩？不过传导性失语症患者能够理解所读文章的意思，也能够明白别人讲给他的故事，但是他们却不能把文章准确地读出来，也不能把故事准确地复述出来。

当小刘还是个小学生的时候，他就发现自己不能准确地把文字读出来。开始他认为是因为自己认识的字少的缘故。但是后来他发现，即便自己认全了所有的字，仍然会把很多文字读错，有时候紧张起来甚至全篇都没有读对的地方。有一次在开会的时候，当着公司所有员工的面发言时，发言稿上明明认识的字，却都被小刘读错了，结果闹了很大的笑话，这让他非常懊恼。后来经过医生诊断，原来小刘患了传导性失语症。对于疾病，小刘采取了积极的态度，积极配合医生进行治疗。他的恢复状况还是很不错的，尽管仍然会不时地出现错读现象，但是他对于整篇文章的把握能力明显有所提高。

而混合性失语则兼具运动性失语和感觉性失语两种症状，患者既无法理解别人说的话，又不能让别人理解自己说的话，对外界来说就成了一个全封闭的系统。混合性失语是一种非常罕见的失语症，在对这些患者进行治疗时，需要采用各种交流方式，因此对于医生和患者来说都是一种极大的考验。混合性失语由于理解和表达都有一些问题，所以与人交流起来非常困难，而且还会对外界传递的信号产生理解偏差，混合性失语症患者有时会由于这种闭塞而压抑，出现抑郁和被迫害妄想倾向等心理问题。

❸

就失语症的症状来说，还有层次和严重程度之分。也就是说，同样是说话不利索，表达不清楚，不同的失语症患者的表达程度也不一样。有的人表达混乱，但大家还能理解他在说什么，有些人说话我们能听个大概，有的人说话简直就让人抓狂。

目前对于失语症有一种很科学也很系统的诊断方法，叫做波士顿失语症诊断。它将失语症分为从0到5一共六级，症状依次减弱。0级患者属于表达混乱，让人抓狂的类型；1级患者能时不时地蹦出个词，但是听者想理解他们的意思，还是得需要想象力；2级患者能跟人聊聊自己熟悉的话题，以前没聊过的就歇菜了；3级患者倒是能跟你胡侃瞎吹，不过某些逻辑性强的事情还是搞不定；4级患者表达已经挺流利了，但是偶尔还是会出现个语言障碍；5级患者看上去跟正常人无异，只是自己有时候感觉到表达困难，旁人并不能察觉这哥们儿是个有语言障碍的人。

在信息交流如此频繁的今天，得了失语症生活起来那是相当地不方便。人类的语言能力和语言应用能力是由大脑的一些中枢完成的。失语症患者的语言能力中枢并没有问题，只是语言应用能力出了问题。像汉克和周通，都多多少少受到了脑损伤，导致无法正常与人交流。

对于失语症的治疗也有很多方法，临床上也取得了不错的效果。由于失语症患者其实并没有丧失语言能力，只是运用上存在问题，所以目前的治疗主要以语言恢复训练为主。这就好比收音机本身并没坏，只是不知道怎么操作。医生的任务就是教会患者怎么去操作语言中枢这台“收音机”。

我们从小学英语，老师说的最多的一句话就是要学会给自己创造语境。这句话适用于学英语，同样适用于治疗失语症。对失语症患者的治疗，最重要的是要创造说话的环境，不论在闹市、街区，还是在学校和家里，都要鼓励患者多说话，说错了没关系，改正就好了，但是一定要多开口。

而针对不同形式的失语症，应该采取不同的治疗方案，有时候甚至还需要根据不同的患者采取不同的治疗方法。在治疗过程中，辅以心理疏导是非常有意义的。因为患者痛失语言操控能力之后，会出现愤怒、自卑和焦躁等心理，如果不能克服这些不利因素，会对治疗产生相当大的阻碍作用。目前的治疗方式大多都是一些语言能力恢复训练，并且辅以药物治疗，从而使患者恢复语言操控能力。

我们今天非常看重语言的力量，但是有很多人还被失语症所困扰。现在人情冷漠，我们与周围人的交流越来越少了，邻居之间都不打招呼，遇到偷砸强抢再也没有人出声了，这是不是一种社会失语症呢？

我的GPS和人脸识别呢？——路痴和脸盲

1

2014年诺贝尔生理学或医学奖颁发给了三位科学家——约翰·欧基夫、梅·布莱特·默索尔和爱德华·莫索尔，他们三个人的研究成果是：人类大脑有一套定位系统，换句话说，也就是人类天生自带GPS，丢到野外照样能分清楚东西南北。这个成果一出来，广大路痴纷纷表示，我大脑里怎么没有GPS？

我身边反对声最强烈的人是小邱，她是一个如假包换的路痴。开始她也不相信世界上有路痴这种生物，后来发生了几件事情之后，她就快速跳入了路痴的阵营。

记得还是大一新生时，那会儿我们开学第一件事就是军训，当时每个人领完生活必需品之后，稍作休整，就要去操场集合。由于我们学校校园还是挺大的，所以学校给每个人发了一张校园平面图，我们可以按照平面图找到操场的位置。但是那天小邱拿着平面图在学校里转悠了大半个下午，也没找到操场。班主任发现班里少了一个女生，非常着急，差点就报了警，最后学校的保安在图书馆后面找到了拿着校园平面图到处找操场的小邱。

经过这件事情，小邱认识到了自己读图能力的缺陷，于是果断从地理专业跳到物理专业。经过了几次血淋淋的教训，她终于学聪明了。每次当她想找一个地点时，总是央求别人带她去。从室友到学弟，从学长到老师，几乎都当过她的“导盲犬”。她找男朋友最重要的一个标准就是：认识路！

后来小邱跟着闺密约好周末逛街，在某商场门口见面，想自己虽然是路痴，但是经常去的地方总不至于找不到吧！不过下公交车半个小时之后，她发现自己又迷失在鳞次栉比的高楼大厦之间了。当时小邱有种感觉，这时候谁能过来把自己领出去送到闺密面前，她一定以身相许。最后还是闺密找到了她，每当需要找路的时候，她都会对自己不认识路这件事非常懊恼。但是每当不需要这项技能的时候，她却觉得路痴也没什么，甚至觉得萌萌哒。

小邱这一生最怕的地方就是那个传说中“世界第九大奇迹”的地铁站。如果没有人领着，小邱能在里面逛悠一下午都出不来。她是一个既不会看指示牌，又不敢开口问路，还没有方向感的人，把建筑学艺术展示得淋漓尽致的地铁站，对小邱来说简直是个灾难。小邱的室友对她这个特征非常不解，全世界到处都是路牌，到处都是人，你就算看不懂路牌，你也可以问啊！小邱说：“谁说我没问过啊，警察叔叔告诉我向东走，向西走，但我不知道哪里是东，哪里是西啊！”

而辰辰听到诺贝尔奖的消息时，也立刻表示，自己的大脑里并没有GPS，自己也绝对是个路痴。她跟小邱还不一样，实际上，她比小邱稍微好一点，要找地标性的建筑和去过的地方对她来说不难，她能凭记忆在学校里找到操场、图书馆，跟人约会、逛街也不会找不到地方，不过她对于小地点和没去过的地方就有点晕了。她走到商场里面，是绝对找不到屈臣氏和肯德基的，尽管它们已经尽量地开在最显眼的位置，但是辰辰却可以逛遍所有的店唯独避开它们。很多时候她在商场里转了很久之后发现自己又回到了原地，不管布局多么简单的商场，对她来说都像是迷宫一样。有时候商场里的一家店她之前来过，却不能记住在几楼，在什么位置。所以她逛街其实就是在商场里不停地转，直到一两个小时之后，她终于在茫茫店铺中找到了自己想去的那家店，买了东西走人。

难道是诺贝尔奖得主的理论错了，这世界上真的有人大脑里没有定位系统吗？我看未必。如果我们仔细观察路痴的生活和习惯，我们就知道她们为什么是路痴了。

路痴们的特点是不注意观察。其实在公共场所，到处都可以看到各种指示牌和路标，各种标志性建筑，甚至在地铁站里报站时都会有路线提示。而路痴们对此从来都是视而不见，充耳不闻的。现在这个社会“低头族”越来越多，大家都忙着玩手机，很少会去注意脚下的路和头上的指示牌。小邱就是这样的，她在地铁站里一直都是低头忙着刷朋友圈，从不看指示牌，即便是看到了，她也会说：“这跟我有什么关系啊，这是给认识路的人看的。”

路痴实际上还有一种依赖心理，她们出门要么依赖手机导航，要么依赖男朋友，要么依赖警察叔叔。我们可以发现，“路痴”这个词是最近几年才有的，在那遥远的年代，手机还没有导航功能的时候，那些没有男朋友，又不好意思跟警察叔叔说话的小姑娘们很少成为路痴，她们一旦没了依赖心理，就会靠自己认路。

2

说到路痴，就不得不提一下脸盲。这两种病感觉上是一样的，一个是来自大脑GPS的缺失，另一个是由于人脸识别系统的损坏，总的来说就是记性差，一个不认识路，一个不认识人。

小王刚参加工作，他希望在单位里给领导和同事留下好印象。第一天上班，他干活非常卖力，也得到了领导的好评。在下班的时候，迎面过来一个人跟他打招呼，他冲那人笑了笑，却不记得这人是谁了。第二天来上班的时候，他又碰到一个人，感觉非常眼熟，又不知道是谁，但是他还是礼貌地打了招呼。当他坐回自己的工位时，发现了刚才那个人正在跟旁边的人交流，天哪！原来这是昨天夸自己的领导。小王总是记不住别人的样子，这使他非常苦恼，在现代社会，这是一种不尊重别人的表现啊。

研究生小刘是一个典型的脸盲。他不认识人，但是在校园里却喜欢跟人打招呼，而且打招呼的时候还总是喜欢叫人的名字，所以总是会出现这样的场景——小刘遇到小李，会跟小李打招呼说：“小周，早上好啊！”小刘遇到小周，会跟小周说：“小李，好久不见！”

脸盲也有不同的种类，有的人是完全记不住人脸，不管以前见没见过，再见到那张脸是一种完全陌生的感觉；有的人见到熟人会知道这个人我认识，也知道是个朋友，但就是想不起来名字；还有的人乱贴标签，明明是老王，偏偏记成老刘，明明是老吴，偏偏记成老周。

脸盲的出现可能是由于颞叶和枕骨脑叶出现损伤导致的。大脑里对脸部进行识别需要牵扯到多种神经，还有专门的区域存储图像。脸盲症患者可能是这些区域出现了问题。

另有学说认为脸盲症是遗传的，但是脸盲症患者记忆并没有受到影响，只是在识别和记忆人脸方面产生了些许障碍。目前科学家还没有找到任何可以治疗脸盲的方法，所以如果你的朋友总是记不住你是谁，别怪他了，因为这种情况连科学家都束手无策，我们普通人能怎么办呢？

不论是路痴还是脸盲，都给我们带来了巨大的困扰。虽然智能手机能把我们带到任何我们想去的地方，也能够帮我们识别任何人，但是人们还是希望自己能有一个可以搞定一切的记忆，因为我们一直都不肯承认机器会比人类更智能！

我是我你是我他是我，那我是谁？——人格分裂

1

上个世纪八十年代，发生了一起银行抢劫案，一个抢匪拿着枪嚣张地走进了银行，打伤保安后，威胁店员交出了大笔现金，然后扬长而去。这个案子一度引起轰动，警察在巨大的压力之下迅速出动，在很短的时间内抓住了劫匪杰克。

但是在对杰克进行审讯的时候，却遇到了麻烦。杰克表示自己完全不知道抢劫银行这件事，更别说钱藏在哪了。自己平时是一个中学老师，而且并没有持枪证，忠厚老实，勤恳本分，绝对不会做出抢银行这种事。但是银行的监控录像拍下了杰克威胁店员的画面，店员也指认抢银行的那个人就是杰克，这让杰克非常无语。诡异的是，经过测谎发现，杰克的确没有撒谎，他可能确实不知道抢银行的事情。

这件事情引起了心理学家的注意。杰克接受了心理学家的测试，测试结果表明，杰克患有多重人格疾患。当时作案的是另一个人格吉米，尽管这个“吉米”和杰克共用一个身体，但是当吉米占据这具身体的时候，杰克完全不知道。而当天吉米借着杰克的身体拿着枪去抢了银行，回到家之后就把身

体还给了杰克，因此杰克对于这件事情一无所知。

经过心理学家的进一步测试，发现杰克除了吉米之外，他还拥有三个人格，分别是麦克、约翰和尼克。这五重人格分别占用着杰克的身体，使他表现出了五个人的特征。

杰克是这具身体原本的主人，他老实本分，性格怯懦，现在是一名中学老师。他性情温和，对学生非常关爱，这一重人格很希望得到别人的认可和接受，而且处处为别人考虑。

吉米则与杰克完全相反，他是一个彻头彻尾的暴徒。吉米喜欢酗酒、吸烟、抽大麻，拥有暴力倾向。他的脾气极其暴躁，常常因为很小的事情而大发雷霆，曾经在深夜掐死自己家的狗。吉米是除了杰克之外出现最多的人格，而且他知道其他人格的存在。

麦克是一个说唱歌手，他对这个世界非常不满，所以常常会创作歌曲来对现实进行讽刺和奚落。麦克是一个非常放荡不羁的人，喜欢在夜店嗑药、跳舞，或者大晚上在无人的马路上纵情唱歌。

约翰则是一个非常成熟稳重的人，他有毅力，智商和情商都很高，充满自信和力量。他也知道其他人格的存在，而且他会扮演一个保护神的角色，在杰克遇到危险的时候，约翰这个人格就会出来拯救他。

尼克是一个看似老实，但是非常腹黑的人。他毕业于名牌大学，有野心，有抱负，热爱学习，善于与人交流，风度翩翩，而且还是镇上报社的主编。很奇怪的是杰克从来没学过拉丁语，尼克却可以读懂拉丁语。尼克是杰克很少出现的一种人格。

心理学家继续对杰克进行跟踪研究，发现杰克带着这五重人格生活，每天都迷迷糊糊的。常常上完课坐在办公室里休息一会儿，不小心睡着了，醒来的时候发现自己正在夜店唱歌；有时候中午吃完饭，竟然要去镇上的报社上班。杰克的五个人格轮流坐阵他的身体，导致邻居都觉得杰克神神叨叨的，私下里说孩子一定别送到他所在的学校上学。

2

人格分裂的例子真的不胜枚举，而且现在已经成为拍电影的好题材，像《致命ID》这种以人格分裂为主题的电影真是数不胜数。本来人格分裂是一种很神秘、很独特的心理疾病，真实案例非常少，只是这些年被媒体、影视作品渲染得好像很常见似的，其实人格分裂患者比我们这本书所讲过的大部分心理疾病患者都要少。

在我非常喜欢的一部电影《化身博士》里，主人公白天是风度翩翩、温文尔雅的杰奇（Jekyll）博士，晚上则是杀人不眨眼的恶魔海德。这部电影用夸张的手法将多重人格刻画得淋漓尽致，这可能也是影视作品最早对于人格分裂的影射。

人格分裂具有非常矛盾而又和谐的特征。矛盾之处在于，一个人竟然可以在现实中成为不同的人；和谐之处在于，这些人格竟然可以轮流出现在一个人的身上，从来不会同时出现多个人格，不会像人们平时在公交车上抢座位那样，各个人格之间都是互相谦让的。这就让我们对人类的神经系统更加地敬畏——得个病都这么讲究。

小杰是一位新到公司的职员，刚入职没多久，大家就发现他的记忆好像有点问题。

有一天，小杰的师傅老张在下午下班前让小杰帮他整理并打印一份材料，第二天交给办公室的李姐。小杰满口答应下来，当天晚上加了个班给打印了出来，放在了办公桌上，然后下班回家了。

第二天上午快下班的时候，李姐打电话给老张，问那份材料怎么还没送来。老张有点生气，觉得小杰这个新人干工作怎么一点也不积极主动，于是把小杰叫到自己面前来，问他关于那份材料的事。

小杰表现得很无辜，他表示并不知道什么材料的事。老张有点不高兴，说就是昨天下午让他打印后交给李姐的那份材料。小杰表示毫无印象，不记得老张曾经吩咐过他这件事。

老张非常生气，于是自己把材料打印出来，拿去给李姐了。而小杰也觉得莫名其妙，自己明明不记得这件事，怎么老张偏偏说有啊？

转眼间周五到了，小杰部门的几个同事打算出去玩，问小杰要不要参加，小杰欣然答应了。当天晚上小杰就买好了装备，准备与同事们玩个尽兴。第二天早上九点，小杰的电话响起来了，是同事打来的。同事说昨天晚上约好了八点半在公司门口见面，怎么现在还不见小杰。

小杰觉得非常奇怪，他印象中昨天晚上并没有与同事约好什么事情。他以为是同事跟他开玩笑，于是说自己病了，去不了了。当他起床看到自己新买的装备时，又联想到前两天老张的事情，他意识到，可能真的是自己的记忆出了问题。

小杰很快就去找了医生，跟医生说自己最近记忆出了问题，好多事情大家都说发生过，而自己却不记得了，不是那种忘了，一提醒就能想起来，而是完全记不得了，完全想不起来。医生检查了他的脑部，发现并没有什么问题，又对他进行了记忆力测试，发现也没有问题。正当医生纳闷的时候，小杰突然跟医生说："这是什么地方，你在干嘛？"

医生跟小杰说这里是医院，你说自己记忆有困扰，来看病的啊。小杰立刻表示自己的记忆没问题，不需要看病。于是站起来就要往外面走。

这时候医生突然明白了是怎么回事，他让小杰回来，小杰像没听见一样走出了医院。

第二天小杰又来了，他跟医生说自己只记得昨天来过医院，然后就到了第二天早上了。他连自己怎么回的家，怎么爬到床上去的都不知道。

医生说："我大概知道你的问题了，不过还需要做一下科学的诊断。"

医生带着小杰找到了心理医生，经过心理医生的一系列测试，确定小杰患有人格分裂。他的记忆并没有问题，只是有两个人格A和B分别在不同的时候操控着他的身体。当A人格占据小杰的身体时，B人格并不知情，发生在A人格身上的事情B人格也不知道；当B人格占据小杰身体时，A人格也不知情，发生在B人格身上的事情A人格也不知道。而且他的两个人格互相不知道对方的存在。

那天老张让小杰打印材料的时候，小杰是被B人格占据着的，第二天老张质问小杰的时候，小杰是被A人格占据着的，A人格根本不知道老张安排小杰做的事。而那天小杰与同事们约定出去玩的时候也是被B人格占据着的，但第二天早上又转变成了A人格，所以小杰也不知道早上要跟同事们出去玩这件事。

小杰的两重人格虽然性格差别很大，但是在公共场合的行为和说话方式都很像，包括小杰自己在内所有人都没有想到原来他患有人格分裂。

与大部分症状诡异的心理疾病不同，人格分裂并不是大脑在结构和功能上出了问题，真正的原因要从患者童年来探求。

研究认为，人格分裂的精神病人在童年都有过非常不愉快的经历，而他们的人格有的是对于痛苦的释放，有的是对愿望的补偿，有的则是所受痛苦的投射。杰克在被确定拥有多重人格后，心理医生对他的病因进行了探索，经杰克回忆，他的童年是这样度过的：

他有一个常年酗酒的父亲，喝醉之后常常对他和母亲拳脚相加，所以杰克从小就非常害怕回家，他知道回家就意味着挨打。父亲酗酒后打他的时候还不许他哭，如果哭就会打得更狠。而杰克又担心邻居和同学笑话他，所以不敢声张父亲打他这件事。

而杰克在学校里也过得并不如意，他学习成绩好，经常受到老师的表扬，但是由于他长得瘦小，却又经常受到同学们的欺负。他记得总是有一个身体强壮的同学欺负自己，他那时候多么希望自己能有一副健康的体魄，或者有一个强壮的人来保护自己。

后来，他发现自己具有绘画才能，希望能够上一所知名的艺术学院，将来当画家，能够受人尊敬，并且获得社会地位。可是他的家庭无法为他负担高昂的费用，尽管他很有天赋，但也只能上一所普通的大学，毕业之后当了一名中学老师。

根据他对于童年的回忆，心理学家经过分析，逐渐找到了他的几重人格出现的原因。

由于常年酗酒的父亲对杰克的虐待，又不许他哭，而杰克又担心邻居同学笑他所以不敢声张，所以养成了杰克胆小怯懦、自卑内向的性格。

而在这种压迫下，杰克心中积聚了很多怨恨无法释放，所以吉米这一重人格通过暴力的方式帮助杰克释放了他心中的愤怒与恐惧。

由于杰克常年生活在父亲的打骂，同学的欺侮之下，所以他对这个世界非常不满。不过杰克本人作为一个胆小怯懦的人是不敢把不满表达出来的，所以就有了麦克这个人格，麦克通过写歌来抨击这个社会，帮助杰克发泄怨气。

杰克从小面对这些不堪的折磨时，总是希望自己能变得强壮，或者能有人出来保护他帮助他，但是现实中杰克仍然弱小，而且这个人也并没有出现。但是杰克对于这个人的需求已经难以遏制，所以就造出约翰这一重人格，约翰不仅有着杰克羡慕的那些优点，他还担负着保护所有人格的重任。每次杰克遇到危险或出现紧急的事情，就会变成约翰这个人格，冷静理智地处理一切。

虽然尼克不是画家，但是他是一个有知识的人，名牌大学毕业，风度翩翩，懂拉丁语，是镇上日报的主编，受人尊敬。其实这正是对于杰克渴望受到尊重这一愿望的补偿。杰克从小受人欺负，长大后又是一个人微言轻的中学老师，他受到的轻视太多，他渴望被重视，而一个名牌大学毕业的日报编辑，在收入和社会地位上，都能满足杰克的这一需求。

3

尽管人格分裂已经被科学家们高度重视，但是无奈案例实在是太少，除了精神分析以外，无法进行更加深入的研究。目前人格分裂还没有很有效的治疗方法，不论是药物治疗还是精神疏导，都不能很好地把其他的人格消除掉。而有的患者大家都不能确定到底有几重人格，更别说对他们进行治疗了。你能想象作为医生，每次你问患者名字的时候他都跟你说得不一样是什么感受吗？

美国的银行职员凯特是一个人格分裂患者。她自己也不确定到底有多少人格，但是她声称活得非常累。有时候她会突然陷入沉睡，醒来的时候发现自己正坐在飞往巴黎的飞机上，因为她的一个人格——简是一个非常具有艺术细胞的人，她正在攒钱去巴黎；有时候她睡觉前还在自己的床上，早上起来却发现自己正在指挥交通，因为她的一个人格——丽萨认为自己的职业是个交通警察；甚至有时候她会晕过去，醒来的时候发现自己正在夜店喝酒。她不能确定自己到底有多少人格，但是她知道自己是个多重人格患者，她正尝试适应这样的生活，她只希望自己没有罪犯的人格就谢天谢地了。她的人格会突然进行变化，甚至在心理医生为她进行治疗时，她会突然问："这是哪儿？你是谁？"

很多人格分裂是被误诊的，可能患者具有抑郁症、狂躁症这种发病的时候会使人精神状态变化很大的疾病，就可能导致医生将其与人格分裂搞混。其实真正的人格分裂是非常少的，发病率只有0.01%。这也是目前对于人格分裂研究进展并不快的原因之一。每一个患者都有不同的症状和特点，每一个患者的发病原因都不一样，而且可供研究的案例又那么少，所以目前针对于人格分裂，还是需要针对不同的病患制定不同的方案，尽量遏制人格分裂的病情。

有时候你会觉得朋友当面一套背后一套，如果你不愿意把这当成是世风日下的表现，不妨把他当成人格分裂病人吧，这样你就不会再觉得他阴险了，或许还会对他充满怜悯呢。

我所敬畏的伟大

所谓伟大，无非就是一咬牙一闭眼的事。

——题记

我小时候非常佩服大我一届的那个哥哥球踢得好，三年之后在校队里他是我的替补；我童年最喜欢的明星，长大后我觉得不过如此。伟大就是你觉得永远也爬不上去的高楼，生活就是你不停地爬上楼顶。

世界这样大，而我只是一只小蚂蚁——宇宙恐惧症

1

上个世纪发生过这样一件事，有一艘船出海，由于遇到了风浪，迷失了方向，在大海上航行了近三个月的时间。后来终于在一个无人居住的小岛上靠了岸。幸运的是船上有足够的储备使得船员们得以生存下来。但是当船员们死里逃生，终于重返陆地之后，他们都出现了非常严重的心理问题。他们每一个人都变得害怕大海，拒绝再次登船。他们登岸后很长一段时间都尽量远离大海，不靠近海岸。

美国人艾米在天文馆进行了观察，观察的过程中突然对于宇宙的深邃产生了很严重的恐惧心理。他回来之后身体也产生了不适，精神出现高度紧张的症状。他常常会自言自语，担心自己正处于危险之中，出现了很严重的被迫害妄想倾向。但一段时间之后，他的病症竟然自行好转，慢慢地又恢复了正常。

英国人曼尼一次出海考察，在考察期间对大海产生了非常严重的恐惧。他不敢走上甲板看大海，也不想被困在轮船上。他不与人交流，甚至随身带着刀具防身，他在考察期间还一度出现精神崩溃的症状，船员们为了他的安

全只得将他锁在密闭的小屋里。后来轮船靠岸，曼尼走上陆地的时候精神非常萎靡不振。在经过短暂的调理和心理疏导之后，曼尼竟然很快就恢复了。

看完上面的案例，你可能觉得这些离你非常遥远，毕竟我们既不登船又不是天文爱好者。这种在海上或者由于宇宙的深邃给人带来的症状称为宇宙恐惧症。宇宙恐惧症是指人类对于未知的、深远的景象或者问题所产生的恐惧。下面的几个例子，就会让你觉得宇宙恐惧症离我们不远了。

艾明浩对无穷大这个概念感到非常纠结。作为理科生，他在做题目的时候已经见过无数次这个符号，但是对他来说，对于这个符号他只能看，不能想，一旦开始想无穷大的意义，他就会感到头疼、恶心。他不知道无穷大是代表了一个什么意思，他对于无穷大加无穷大这样的定义非常反感，每次他在思考无穷大的问题时，总会把自己逼入绝境。

我从小就喜欢思考一些很无厘头的问题，比如望着天空，我会想天空的尽头是什么样子；看着满天的繁星，我会想到底有多少颗星星。我觉得星星肯定是有一个具体数目的，物体应该都有数目，这个数字到底是多少呢？几千亿？几万亿？甚至是人类还没发明出来的数量级？到底世界上最大的数字是什么，应该有一个最大的数字，但是这个数字再加一就又比原来大了，最大的数字到底是多少？天空应该有个边界吧，但是最边界的地方在哪呢？如果能找到一个边界，那么再向着那个方向推进一米就又到另一个边界了，到底有没有真正的边界……我童年的时候常常会被这些问题所困扰，而且一想到星星可能会无穷多，或者宇宙没有边界，我就会感到非常地害怕，这些问题想多了常常会影响我的生活，影响我的精神状态。

而娜娜最不敢触碰的问题是一个物理问题。物理上讲，条形磁铁的磁感线是起于无限远而止于无限远的。她不明白无限远是一个什么概念，她不清楚无限远到底有多远，每次她在思考无限远的问题时，都会使思维走向绝路。她觉得无限远肯定是要指一个特定的地点，但是如果能超过这个地点，那也就是更加无限远了。无限远向前迈一步和向后迈一步都是无限远，那么无限远到底指的是什么？娜娜每次想到这些，脑海中映射出一条没有尽头的路，想着这条路她就会发狂，她会不停地摔东西，或者把头扎进冷水里使自己冷静下来。每当她的思维走进死胡同后，需要很久，她才能恢复正常。

越越搞得自己跟哲学家一样，总是思考死亡的问题。他不知道死亡的意义，可能对于宇宙，对于地球，甚至对于自然界，死亡都有着独特的意义。但是死亡到底是什么样子？死亡到底是什么？就是简单地指人没有呼吸没有温度了吗？不，肯定不是，人死了之后如果灵魂还活着，那么就不能叫死亡；但是如果灵魂还活着，为什么要离开身体，继续待着不是更好吗？越越总是强迫自己去思考一些不该自己思考的问题，这搞得他非常崩溃。世界上没有什么是永远存在的，所有东西都在变，想到这些，他就会头晕目眩，常常会把自己逼到昏厥崩溃的边缘。

宇宙恐惧症已经从简单的对于深邃、永恒物质的恐惧，转变成对于一些深刻问题的恐惧。我们有时候很喜欢难为自己，总是思考一些没有答案的问题。想得越是深入，就越对这些问题产生恐惧，就越害怕。

宇宙恐惧症是一种神奇而又令人费解的心理疾病，宇宙那么大，那么深邃，相比之下人类实在是太渺小了，而对于这种伟大的敬畏，使我们的心理出了问题。宇宙恐惧症主要有以下症状：

宇宙恐惧症会使人类出现认知障碍。所谓认知障碍，就是对一些问题的认识出现了偏差。这也很好理解，因为宇宙恐惧症本身就是由于那些深邃的问题导致的，当我们无法理解宇宙到底有多大、人类的起点在哪里这些终极问题时，我们势必会让思维拐个弯，换个方式来理解这个问题。虽然在患者眼中这个问题好像被解决了，但是他们得到的却是错误的认知。这种错误的认知在解决那些谁都不知道答案的问题时，看上去没什么问题，但是遇到现实生活中的问题时，就让患者显得格格不入。

克里斯托弗跟朋友出海回来，便开始思考海洋为什么那么大，但是始终想不清楚。最后他得出一个答案说服了自己：大海就是那么大，就像婴儿生出来就是那么小。本来他很得意，但是他心里并没有接受这个答案。作为一个数学系的学生，他需要思考很多问题，但是无论思考什么问题，他都会最终被引向大海为什么这么大这个问题上。这件事让他非常苦恼，他无法正常地思考数学问题，不能顺利地完成毕业论文，这导致他精神压力非常大，每天都感觉要崩溃。

宇宙恐惧症还会让人出现幻觉、自言自语等症状。得了宇宙恐惧症的人，思维里都在跟大Boss决斗。有的人可能没打过大Boss，精神濒临崩溃；有的则从大Boss身边绕了过去，认知出现障碍；还有的看到大Boss，扭头就走了，于是恢复了正常。对于见到大Boss没有退缩，而是勇往直前的人，宇宙恐惧症每天都加剧，患者们会出现幻觉，有时还会自言自语。比如上文中的艾米，在进行天文观测之后，就出现了不适，宇宙那种浩瀚无边的景象始终在他脑海中浮现，本来他就对这种景象存在恐惧，不断出现就使他更难受了。而艾米的外在表现就是不停地出现幻觉，并且采用自言自语的方式说服自己以减轻恐惧。

宇宙恐惧症的病因主要是有两个方面：一方面是对外部环境的不适应，另一方面是内心的错误认识。

外部环境对人类产生影响的例子有很多。对于一些敏感的人，外部环境的变化可能导致其心理也发生改变。比如海上航行的时间过长，恶劣的条件就是对船员们的一种摧残，当回到陆地上之后，心理素质并不过硬的船员会将那段经历视作噩梦，尽量避免再次出海。比如欧洲曾经有一群人躲在甲板下偷渡，当到达海岸时，他们认为那段海上航行痛苦不堪，并且对海上航行产生了恐惧。

对于浩瀚事物错误的认识是宇宙恐惧症更深一层的原因。这些错误的认识可能来自患者的内心深处。或许患者的恐惧并不是针对宇宙，也不是对于海洋，只是这些事物使他们想起了那些不愉快的经历。当真正看到浩瀚宇宙的时候，可能勾起我们童年对于外星人入侵地球绑架小朋友的恐惧；而再次看到海洋，可能使船员们想起了船在大海上颠簸流离的感觉。

3

宇宙恐惧症使我们对宇宙和海洋产生恐惧，那么势必会影响我们探索这些伟大事物的步伐。科学家们一定不会任由恐惧蔓延，所以，已经存在一些比较有效的针对宇宙恐惧症的疗法了。

实际上，改变患者的心理认识是对于宇宙恐惧症最有效的方法。如果能找到患者恐惧的根源，采用适当的方式进行应对，则会产生很好的效果。而宇宙恐惧症患者大多心理较为脆弱，心理学家们也很容易找到其发病原因。另外，外部条件的改善也是治疗宇宙恐惧症的好方法。当前航海条件有了较大的改善，所以也很少有人再对海洋有恐惧心理了。

在我看来，宇宙恐惧症可以解释为什么很多哲学家最后都疯了。因为他们一直在思考人类的终极关怀，试图在这样一个宏大的课题上做文章。他们跟真理的距离越近，跟崩溃的距离也越近。法国哲学家福柯说过，疯癫使巨大的悲剧性威胁仅成为回忆，或许对于哲学家来说，疯癫使他们从那些宏大的问题中解脱出来，在他们彻底崩溃之前将他们从漩涡中拉出来。每次想到这些，我都会感到很难过，难道这些问题永远都无法解决了吗？

人类对于伟大本来就存在着恐惧。因为一方面伟大离我们太远，另一方面，我们根本不了解伟大。我们对于伟大存在着太多的未知，无知使我们恐惧，但是有太多人倒在了尝试了解伟大的路上。或许这就是人类的悲剧，很多事情我们永远不可能了解，很多事情我们可能永远不可能做到，但是我们还是一往无前，我们宁可死在路上，也不愿意输给自已心中的疑惑。

审美累瘫了——佛罗伦萨综合征

1

1818年，法国著名作家司汤达曾经到意大利欣赏文艺复兴时期大师留下的作品。司汤达不仅在文学上堪称大家，在艺术上的造诣也极为深厚。作为一个极具才华与名望的艺术大师，到意大利膜拜那些向往已久的艺术品一直是他的心愿。几天的游览令他非常满意，他也非常喜欢这里的艺术氛围。而当他在圣十字教堂参观了米开朗基罗和伽利略的墓之后，他突然感到莫名的激动，当他走出教堂的时候，突然感到头晕目眩，难以呼吸，马上就要跌倒。他扶着旁边的建筑，用了很长时间才使自己恢复。他以为是自己的身体出现了问题，于是就去请医生检查，医生诊断的结果是，司汤达的身体并没有什么问题，只是过度欣赏艺术品而引发了身体的不适反应。

《追忆似水年华》的作者普鲁斯特来到意大利参观艺术品的时候也有过类似的经历。我们都知道普鲁斯特是一个身体孱弱的富家公子，他作为一个很有艺术追求的人，也到意大利参观了文艺复兴时期大师们的作品。在一个阳光明媚的下午，当他从博物馆走出来，他突然觉得头重脚轻，感觉随时可能一头扎到地上。后来医生为他诊断的结果是，欣赏了过多的艺术作品，过度地接受了美的熏陶，导致身体产生了不适。

还有很多人，会对米开朗基罗的雕塑作品《大卫》产生过度的反应。《大卫》的雕工极其精湛，几乎每一个细节都处理得恰到好处，而且人体比例非常完美，堪称人类雕塑史上最成功的作品。每天驻足大卫像下面欣赏的游客络绎不绝，而新圣玛丽亚医院的精神病专家格拉齐耶拉·马盖里专门对前来参观《大卫》的游客进行了统计和调查，后来发现了一个问题：具有很深的艺术素养的游客，在参观《大卫》的时候会出现呼吸急促、头晕目眩等症状，而艺术欣赏能力一般的游客则不会出现这些症状。艺术的魅力就像鬼魅一般萦绕在那些令人神往的艺术之都。

那些欣赏完大师杰作之后出现的不适的症状，被称为“佛罗伦萨综合征”。佛罗伦萨综合征的患者对于艺术品产生了过于敏感的反应，这听上去有点不可思议，貌似只有传说中才有这种情况的发生。中国古代有一些画中的美女走出来的传说，而西方人则直截了当地给人冲击。当他们欣赏过那些著名大师的作品之后，会出现头晕目眩、呼吸急促等症状，严重的还会晕厥。对于这一现象，普遍认为他们是被大师的作品震撼到了。

而这些症状并不会持续，当他们远离那些伟大的作品后，症状就自行消失了。原本那些让人难受的症状都消失了。佛罗伦萨综合征并不会持续，它会发生在一瞬间，然后持续很短的时间，就像蹲下突然站起来的晕厥感。

难道大师的作品真的这么有魔力？经过了上千年仍然能够把人迷得神魂颠倒？其实这么说也不是没有道理，大师的作品中确实凝聚了很多过人的技巧和技艺，但是真能凭借这些把人迷倒，听上去又有点不可思议。又或者，大师们太任性，喜欢玩票，哪怕人已经不在了还想跟后人玩玩高深？

不可否认艺术珍品的魅力，而对于艺术爱好者来说，被艺术珍品搞晕，可能还有另外的原因。我们注意到，佛罗伦萨综合征的患者大多是艺术素养较高的人，这些人在欣赏艺术品的时候跟常人是不一样的。像我们这些俗人去卢浮宫，可能就是为了发个朋友圈才去的，或者是觉得到了法国不去卢浮宫好像少了点什么一样。而艺术爱好者们不一样，他们会带着无比激动的心情，但这种心情会让他们迷失。比如我们会很想见某种东西，但是当我们真正见到的时候，却又有一种不真实感。内心一直期待的东西，肯定会被高估的。那些艺术珍品的照片全世界比比皆是，而游客在看到那些艺术品之前应该早就看过无数次的照片，但是为何会被真迹迷倒？其实原因就在于，他们知道这是真迹。有了这样的事先设定，在进行欣赏的时候，就已经为它们带上了光环。如果你告诉游客卢浮宫里的《蒙娜丽莎》是你们家隔壁那个神神叨叨的小伙子模仿的，这个家伙虽然平时看上去不太正常，但是画的画简直可以以假乱真啊。如果游客们都信了你的话，那么应该就没什么人晕倒了。

艺术爱好者们跟我们另外一个不一样的地方在于，他们在对艺术品进行鉴赏的时候往往会观察、欣赏大师们的各种细节和独特手法。而在意大利展出的那些艺术作品堪称人类历史上最杰出的作品，这些作品上面完美的细节和独特的手法数不胜数。想想这些人，本来就心情激动，加上过长时间地欣赏那些细节和手法，看到之后大脑里会进行一通分析，各种“后现代主义”“野兽派”等专有名词争先恐后地往外冒，脑容量够大的话还好，脑容量就一般人水平的话，碰到这种情况必定导致大脑缺氧啊，身体出现不适也是很正常的。所以，可以说佛罗伦萨综合征的另一个原因就是哥们儿懂得太多！

比如说一个很简单的例子，司汤达去看艺术品，结果被迷倒了，那司汤达的随从、助手、保镖们怎么没给迷倒啊？因为他们并不欣赏那些东西。大卫是很健壮啊，但是跟哥们儿比比还是肌肉饱和度不够；维纳斯是很美，但怎么能比得上爷们儿朝思暮想的村里那个叫小芳的姑娘啊？那些艺术素养并不怎么高的人并没有注意到那些细节，也就不会被迷倒了。

还有一点就是周围环境的影响了。艺术品往往被陈列在肃静冷清的氛围里，当人沉浸在这种氛围的时候，往往会有一种肃然起敬的感觉，新陈代谢加快，从而使肾上腺激素不断分泌，血压升高。如果这时候注意力高度集中，对艺术品过于专注，脑子里的养料一下子用了太多，那么也会出现晕厥的情况。

3

很多人都觉得佛罗伦萨综合征是一种过于矫情的病。竟然会有人看到艺术品就晕厥，这多少有点像那些小说里动不动就晕倒的贵妇人，让人觉得都是装出来的。不过上面的论述一定可以让你明白，他们并没有在演戏，他们是真的晕倒了。

如果谈到怎么避免佛罗伦萨综合征，那也不是很难的事情。毕竟那么多人都没有被艺术品击倒，可见它们的攻击力并不强。其实佛罗伦萨综合征就是个心态问题，同样一幅画，有的人当它是大师之作，有的人觉得就是一张纸，拿它包油条还嫌不干净呢，还有的人觉得这些画一文不值，你画得再好，画得再像，能比照片还像吗？把画当成纸的人，肯定没有佛罗伦萨综合征的问题，觉得那作品一文不值的人也不会被迷倒，恨不得给撕了了事，唯独那些把艺术品当成至宝的，会被它迷倒。

要想抵挡住艺术品的魔力，最重要的是保持平和的心态。艺术品虽然具有欣赏价值，毕竟只是一幅画或者一件雕塑，并没有什么实用价值。当然，我承认，一个人能用颜料把人画得跟照片似的，或者用一堆石膏就能给人整出一个双胞胎弟弟，确实很了不起。但是那又能怎样呢？其实这些技艺跟你花哨的盘球功夫是一样的，或者你能做出一桌好菜，跟艺术家一样值得尊重。作为普通人，对艺术品确实应该心存敬畏，但是不应该高估它的价值。

还有一点很重要，在欣赏艺术品的时候不要过于专注。如果你不是艺术鉴赏方面的专家，需要靠这个来吃饭，那就完全没有必要那样了。尽管对于艺术品细节的分析是很重要的，但那是学者的事情，做为游客，我们只要好好感受大师带给我们的整体美就好了。对，我就是只注意到了维纳斯的黄金比例，没发现她的浴巾有几个褶皱；大卫是很强壮，但是谁在乎他有几块腹肌呢？

佛罗伦萨综合征使我们充分认识到了艺术品的魅力，但是也让我们明白，好多事情，不要太关注细节，整体美才是真的美。

棒得令人发指——恐怖谷理论

1

恐怖谷理论，是在弗洛伊德时期就提出来的一个理论。很多时候被当成伪科学，但是近些年又有很多证据支持恐怖谷理论。这就使得这个理论变得高大上了。首先这是弗洛伊德提出来的，就像亚里士多德说过的话一样，想证明是错的都很费劲，另外，这个理论确实很有趣，把人类感情认知的一个过程完全地展示了出来。

恐怖谷理论指的是在机器人不断发展的过程中，在它们与人类相差很大时，人类是对它们抱有好感的；如果它们与人的相似度越来越高，在很接近人类但又与人类只有细微的差别时，人类会对机器人产生憎恶和恐惧。而当机器人与人类的特征无限接近时，它们又会重新获得人类的好感。

我是一个恐怖片爱好者，我看过很多恐怖片，从香港恐怖片到日本、泰国的恐怖片等，但凡有点名气的我几乎都看过。根据我这么多年的恐怖片观影经验，我觉得最恐怖的恐怖片是日本拍的。因为日本恐怖片里的鬼都是由真人经过简单的化妆扮演的，虽然面目狰狞但却还是人形，与人类的差别很小，而香港恐怖片和泰国恐怖片里的鬼都化妆过度，已经不再是人的样子，与人类的差别已经很大了，这样的鬼虽然第一面出来的时候让人恐惧，但看多了也觉得并不那么害怕。

我把我的观点与那些跟我一样爱好恐怖片的朋友们分享，他们的看法也是这样的。真正令人恐惧的是那些人形的鬼，至于僵尸啊，妖怪啊，并不让人害怕。甚至每一集里都有怪兽的奥特曼给小朋友们看，他们都不觉得恐怖。而相比于恐怖片里的鬼怪，人们其实更害怕的是变态杀手，而更令人恐惧的其实是那些惨不忍睹的尸体。人类对一些坠楼后被摔得七零八落的尸体的恐惧程度远高于对贞子、伽椰子的恐惧程度。这到底是怎么回事呢?

从恐怖谷理论来说，长着獠牙的僵尸和妖怪虽然通过化妆与后期制作被塑造得很恐怖，但是它们与人类的特征相差太大了，可能我们第一眼看上去觉得它们恐怖，但那只是被化妆手法吓到，看多了也就觉得不怎么恐怖了。

而日本恐怖片里的女鬼，经过简单的化妆，她们一袭白衣，凌乱的长发，凌厉的眼神以及满身的血污，这些恐怖元素都运用得很到位，更重要的是，她们跟人类的形象更加接近，但是从眼神、打扮、精神状态上又与人类有细微的差别，所以这就是恐怖谷理论所说的“与人类非常接近而又有细微差别”的情形。

相对于恐怖片里的女鬼，变态杀手完全就是人类，就是大活人。他们的长相、身材、穿着打扮以及说话方式都与人类非常接近，但是他们与人类唯一不同的是他们残暴的内心。当然这是我们所看不到的，不过导演们常常通过眼神和表情来表达变态杀手的内心世界，所以从外表上看，变态杀手与我们普通大众除了眼神和表情之外，其他的都是一样的。他们与人类几乎一样，但是有着很明显的细微差别，这就使我们对他们心存更大的恐惧。

而坠楼的尸体则完全是人类，他们与人类形象上的区别在于被拆得七零八落的，我们对于这种血腥场面的恐惧，会远远大于对那些认为是塑造的鬼怪。

恐怖谷理论揭示了人类感情与仿生学的微妙关系。我们能看到对于一类

东西，人类的喜恶并非一成不变。但恐怖谷理论的成因，就很值得探讨。

当机器人或者那些想要模仿人类的东西与人相差很大时，人类是对它们抱有好感的。这很简单，比如猴子会模仿人类，但是大家都觉得猴子模仿人类很搞笑，它们的表演也让人觉得很可爱。这是因为对于猴子，或者那些模仿人类的机器人，人类是有优越感的。一方面，他们的模仿显得笨拙，甚至愚蠢，对于这样的东西，人类总是一边抱有怜悯之心，一边心存不屑；另一方面，机器人和动物模仿人类的时候，会让人类觉得自己更高等，而自己平时轻而易举可以做到的事情和动作，放在它们身上显得笨拙不堪。人类对于比自己低等的东西存在着怜悯和恻隐之心，这将会转变为好感。

当机器人或者那些模仿人类的东西与人类的样子很接近，但是又有细微的差别时，人类会对它们产生憎恶之心。这是因为，当这些东西发展到与人类很像的时候，人类会产生很复杂的感情。首先，人类会产生恐慌感，因为机器人正在模仿自己，但是却模仿得非常像，足以以假乱真，这会让人类感到没有安全感，有种敌人打入了自己队伍的感觉。我们人和人之间都是会互相保持距离的，更不用说跟一堆金属堆成的机器人了。另外，人类对于这种模仿得很像但又有一些细微区别的状态心存鄙夷，比如说，生活中突然冒出来一个人，跟你长得一模一样，但是一开口说出来的话带着非常难听的口音，你烦不烦他？你当然烦他，因为他白白地占了你认为非常帅气的皮囊，却带着那么难听的口音。就是这种恐慌和鄙夷，使得人类对于机器人这种似像非像的模仿非常反感。

而当机器人或者其他模仿人类的东西与人类非常像的时候，人类反而又喜欢它们了。这好像让人很费解，不是排斥别人模仿你吗，怎么现在又喜欢了？原因就在于，人类对自然和科技的敬畏，以及自身的自恋。你想啊，能把机器人造得跟人类一模一样，这完全体现了科学技术的厉害之处，而如果一个小猴子模仿人能够模仿得惟妙惟肖，那必须让人赞叹自然的伟大。人类天生对于伟大的东西心存敬畏，这种分毫不差的模仿背后就是科学和自然，人类心中对其充满敬畏。另外一个原因就需要挖掘人类自恋的一面，你想啊，能把机器人造得跟人一样，这是不是展示了人类的聪明才智？能让小动物做出像人类一样的行为和动作，甚至学会说人话，是不是体现了驯兽师非常厉害？人类有时候会为自己的才能所震撼，更不用说当他们想到自己的同类竟然可以造出这样精致而神奇的东西时。所以，敬畏和自恋又让人们重新喜欢了机器人，所以弗洛伊德告诉我们，机器人并不一定会被人们所讨厌，要么你就把造型弄得跟人类差十万八千里，要么就造得跟人类一模一样，千万别弄得看上去跟人似像非像的，从心理学上就否定了它们被人类喜欢的可能性。

3

人类有一个很好的传统，当他们发现一种现象的时候，总是会竭尽全力地探索背后的原因，并且形成一套理论，再想办法将这个理论应用到现实生活中，恐怖谷理论就是一个很好的例子。如果我们仔细观察，就会发现恐怖谷理论已经被人类玩坏了！

导演们都极具才华和洞察力，所以他们成了最先发现恐怖谷理论可以拿来用的人，而恐怖谷理论应用得最多的领域就是影视界。恐怖谷理论最直接的一个体现是在漫画和动画片上，该理论很好地解释了为什么我们会按照导演的设定，喜欢正面角色，讨厌反面角色，原来深层的原因都在恐怖谷理论上。

我们都知道，《名侦探柯南》中的柯南，头大身子小，是一个完全不成比例的组合，生活中如果出现这么一个小孩，一定会被当成某种遗传疾病患者写入生物教科书的，但是我们在动画片里却觉得他非常可爱；《美少女战士》上的大长腿已经长得非常不科学，如果真有人长成那样，拍个照片放到网上大家一定以为这是PS得太过了，但是在动画片里我们还是觉得她们很美；《樱桃小丸子》就更不必说了，小丸子的两条像火柴一样细的短腿是怎么支撑住那么大的一个脑袋的，这确实是一个结构学问题，但我们看动画片的时候却觉得小丸子绝对是呆萌小女生的代表。我想说的是，尽管这些动画片里的人物存在着生物学和结构学上的问题，但是我们从来没有注意到过那些，我们还是无法控制自己喜欢上他们。而动画片中的反面角色，往往是跟人似像非像的。比如《熊出没》中我们都喜欢两只呆萌的小熊，那个长着人类的外形的猎人貌似并不怎么受人欢迎。

因为柯南、美少女战士和樱桃小丸子，这些虽然都拥有人的外表，但是他们跟人类差得实在是太多了。如果不是亲身体会，我们怎么也不会相信一个头大身子小的小朋友画出来会成为风靡全球的卡通形象。心理学就是这样，很多时候心理咨询师苦口婆心地跟你讲好多遍的事情你完全不信，而一个活生生的例子出现在眼前的时候，你就缴械投降了。

恐怖谷理论让我们充分认识了自己，说实话，我们身上真的存在着连自己都不能理解的爱恨观。有时候半夜睡不着，我会想自己怎么可能跟这个家伙成为朋友，或者想想那个人当年还给我传过纸条现在怎么反目了？所以说感情这东西充满了感性，明明我们三观告诉我们应该喜欢的东西可能我们并不怎么感冒，反而内心一直抵触的东西成了我们的最爱，有时候觉得对面跟我喝酒的这个人可能是我这辈子最好的朋友了，而某一天他吹牛不打草稿的时候又会觉得跟这个人认识真丢人啊。世界上很多事都是这样的，最难算准的是人，最难了解的恰恰是自己。什么？别装了？对不起，对不起，一个逗逼作家连感慨一下都觉得气氛不太对有没有？

不管怎么样，感谢你读完了我的这本书，如果这本书里没有你想要的东西，希望它至少曾带给你欢乐。